Verzweigungssätze für nichtdifferenzierbare Operatorgleichungen (Bifurcation)

Wissenschaftliche Buchreihe
Band 2

Wissenschaftliche Arbeit

von
Diplommathematiker, Diplomingenieur
Gerd-Dieter Witt

Printed in Germany

Witt-Holding, Hamburg

Bestellungen und Zuschriften auch an:
witt-holding@web.de

Gebunden mit Schutzumschlag

Herstellung: Books on Demand GmbH

22,95 Euro

ISBN 978-3-00-029604-8

Umschlaggestaltung:	Gerd-Dieter Witt
Bildgestaltung:	Gerd-Dieter Witt
Texte:	Gerd-Dieter Witt
Bearbeitung:	Gerd-Dieter Witt
Wissenschaftliche Bearbeitung:	Gerd-Dieter Witt

6

Wissenschaftliche Forschungsarbeit

der Mathematik

von
Diplommathematiker und Diplomingenieur Gerd-Dieter Witt

2009

Meinem

ehemaligen Rektor und Mathematiklehrer

11

Verzweigungssätze

(Bifurcation)

Inhaltsverzeichnis

§ 6 Verzweigungsaussagen für Operatorgleichungen der Form $\mathcal{L}u \in Lu + N(\lambda,u) + n(\lambda,u)$

§ 7 Operatorgleichungen mit lipschitzstetigen Abbildungen

Vorwort

Vorwort

In unserer heutigen Zeit bekommt die wissenschaftliche Forschung eine stetig wachsende Bedeutung, um die zukünftigen Probleme der Menschen auf diesem Planeten und darüber hinaus weitergehende Fragestellungen positiv bewältigen und beantworten zu können.

Die mathematische Forschung als Naturwissenschaft und Basis für viele andere Wissenschaften gewinnt hierbei an großer Wichtigkeit, in einer Zeit, in der unser Staat gerne draußen Elite anschreibt, ohne daß sich sofort Elite auch drinnen befindet, erhält auch Einzelforschung, unabhängige oder private den besonderen Stellenwert.

Diese vorliegende Arbeit stellt solche einzigartige Einzelforschungsarbeit dar, in der diverse Ergebnisse früherer Untersuchungen und wissenschaftliche Ergebnisse anderer Veröffentlichungen mit einflossen, über einen etwas längeren Zeitraum als vorgesehen, aber meine hier präsentierten Ergebnisse beanspruchen trotzdem Urheberrecht und ihre Früchte, auch wenn zwischenzeitlich andere Wissenschaftler zu ähnlichen Erkenntnissen und mathematischen Sätzen gelangt sein könnten, da meine Ergebnisse nachweislich teilweise schon längst vorlagen und auf dem ersten Teil des Buches aufbauen. Ein verkrusteter Apparat verhinderte die Würdigung, außerdem liegt der Gesamtideenschatz bereits sehr lange vor, von hochkarätiger Bedeutung, wie ich aus zahlreichen Kontakten mit der Industrie und Versicherungswirtschaft, die selbst in vielen Fällen über angesehene Mathematiker mit ausgezeichnetem Urteilsvermögen, im Gegensatz zu mancher Bürokratie, verfügen, feststellen konnte.

Die jetzige Veröffentlichung mit allen rechtlichen, finanziellen und honorigen Ansprüchen kann somit leider wegen der Strukturprobleme dieses sogenannten deutschen, demokratischen Staates erst heute erfolgen!

Entscheidend und herausragend positionieren sich die beiden letzten Paragraphen § 6 und § 7, in denen einige neue Ergebnisse dargestellt werden, insbesondere die Verzweigungssätze Satz 6.11 und Satz 7.11, nennen wir sie einmal „Verzweigungssatz von Witt" in Banachräumen und „Witts Verzweigung" mit lipschitzstetigen Operatoren, um der von anderen festgestellten Wichtigkeit und Verwendungsmöglichkeit Rechnung zu tragen!

Der Bedeutung für die Wirtschaft auf Gebieten der Luft- und Raumfahrt, die Strömungslehre, Mechanik, also Automobilindustrie, die Versicherungswirtschaft sowie Energieerzeugung entsprechend, sind die Ergebnisse dieses Buches mit Recht als außergewöhnlich zu betrachten, sogar die denkbare Verwendung zur Kernfusion, somit die Umkehrung der Kernspaltung, also die Rückführung der Verzweigung, wird nicht unmöglich! Auch das Wetter kann man bekanntlich in Modellrechnungen als partielle Differentialgleichung unendlicher Ordnung darstellen.

Dem Autor selbst bleibt verborgen, wieso er nach umfänglichem Literaturstudium über die ursprüngliche Themenstellung der Paragraphen 1–5 hinaus, geführt von seinem Forschungsdrang, auf derart interessante, neue Erkenntnisse stieß.

Das vorliegende Buch bekommt nicht nur für Mathematiker und Firmen bei der Berufsausübung große Bedeutung, sondern richtet sich ebenso an interessierte Studenten, die in die Tiefen der Mathematik lernend einsteigen wollen oder studiumsbedingt müssen.

Im Buch werden wir systematisch von Thema zu Thema hochgeführt.

Die Anwendung der Verzweigungsaussagen bei der Sturm-Liouville-Randwertaufgabe

Verzweigungsaussagen für Operatorgleichungen der Form $\mathcal{L}u \in Lu + N(\lambda,u) + n(\lambda,u)$

Operatorgleichungen mit lipschitzstetigen Abbildungen

§ 1 Einleitung und Übersicht

• Komposition •

§ 1 Einleitung und Übersicht

Die Anregungen zu diesem Thema gingen von einer mit ähnlichen **Themenstellungen** befaßten, **wissenschaftlichen Ausarbeitung** von K. SCHMITT und H. L. SMITH [23] aus.

Hier sollen insbesondere **Operatorgleichungen** der Form

$$\mathbf{u = F(\lambda,u),}$$

wobei F: $\mathbb{R} \times B \to B$ eine vollstetige Abbildung ist und B ein reeller Banachraum, betrachtet werden, mit der entscheidenden Einschränkung, daß keine Differenzierbarkeit an der Stelle $u = 0$ verlangt wird.
Da der Begriff der Vollstetigkeit sowie auch andere Begriffe in der Literatur oftmals verschieden definiert werden, erhalten wir in § 2 eine Zusammenstellung der grundlagentheoretischen Definitionen und Sätze.

Während RABINOWITZ [18] für solche nichtlinearen Eigenwertaufgaben (E.W.An) Differenzierbarkeit an der Stelle $u = 0$ voraussetzt, erweitern K. Schmitt und H. L. Smith diese Gleichung zur Klasse der lipschitzstetigen Abbildungen. – Derartige Gleichungen findet man in vielen Fällen der mathematischen Physik, insbesondere in den Gebieten der Dynamik von Flüssigkeiten und der Elastizitätstheorie, weshalb die Frage nach der Struktur der Lösungsmenge solcher E.W.An. sehr wichtig ist.

Beispiele aus der Physik sind die Verbiegungen bei Elastizitätsbetrachtungen, der Beginn von thermischem Austausch und das Auftreten von Wirbeln in dynamischen Flüssigkeiten, insbesondere zählt hierzu auch das Problem des Verbiegens der „von Kármán-Platten", die auf einer Unterlage ruhen. Die Plattengleichungen führen zu Operatorgleichungen mit nichtlinearen, nichtdifferenzierbaren, jedoch lipschitzstetigen Abbildungen.

Da durch die Ergebnisse von K. Schmitt und H. L. Smith im wesentlichen die Alternativaussagen über Verzweigungen von Lösungskurven bei RABINOWITZ [18] auf nichtdifferenzierbare Abbildungen übertragen werden, ist in dieser Arbeit Wert darauf gelegt worden, über die Ergebnisse von K. Schmitt und H. L. Smith hinaus Ergebnisse zu finden, die auf den Ideen von Rabinowitz aufbauend, durch eventuelle Modifikation auf die nichtdifferenzierbaren Abbildungen ausgedehnt werden konnten. Dieses ist dann auch in einer interessanten Weise durch die Verwendung der Ergebnisse von MACBAIN [15] und MCLEOD und TURNER [16] gelungen.

Für ungelöste Probleme der genannten, physikalischen Gebiete könnten sich also mit den Erweiterungen der E.W.An. auf nichtdifferenzierbare Abbildungen Lösungen oder aber neue Lösungsansätze anbieten.

Bei der systematischen Bearbeitung dieses Themas trat eine Vielfalt von weiteren Fragestellungen auf, die zu einem großen Teil den Rahmen dieser Arbeit sprengen würden und Anregungen zu weiteren, tiefgehenderen Untersuchungen geben sollten. Ebenso erzwang die Fülle der interessanten, theoretischen Möglichkeiten zu diesem Thema eine eingehende Auseinandersetzung mit ihnen, so daß in diesem Zusammenhang die Zahl der Anwendungsbeispiele für die Verzweigungssätze etwas beschränkt werden mußte, obwohl bei der Auswahl der Ergebnisse stets von dem zu erhoffenden Nutzen für die praktische Anwendung der Theorie ausgegangen wurde.

Ein kurzer Überblick über schon vorhandene Veröffentlichungen, die unmittelbar im Zusammenhang mit dieser Arbeit stehen oder die wegen anderer Merkmale auch an dieser Stelle Erwähnung finden sollten, wird hiernach gegeben.

P. H. RABINOWITZ betrachtet in seiner Veröffentlichung 1970 [18] die nichtlineare E.W.A. $u = G(\lambda,u)$, wobei $\lambda \in \mathbb{R}$, $u \in B$ und B ist ein reeller Banachraum. Die vollstetige Abbildung $G\colon \xi := \mathbb{R} \times B \to B$ hat die Form

$$G(\lambda,u) = \lambda Lu + H(\lambda,u),$$

wobei $L\colon B \to B$ ein linearer, kompakter Operator ist, und für die Abbildung $H\colon \xi \to B$ gilt: $H(\lambda,u) = o(\|u\|)$ für $u \to 0$ gleichmäßig auf beschränkten λ-Intervallen.

Rabinowitz zeigt, daß eine abgeschlossene, zusammenhängende Lösungsmenge (ein Kontinuum) der E.W.A. in S (der Menge der nichttrivialen Lösungen der Eigenwertaufgabe) existiert, welche

$\{(\mu,0)\}$ schneidet, wenn μ als charakteristischer Wert von L ungerade Vielfachheit besitzt. Dieses Lösungskontinuum ist entweder unbeschränkt in ξ oder es schneidet $\{(\hat{\mu},0)\}$, wobei $\hat{\mu} \neq \mu$ ein anderer charakteristischer Wert ist. Diese Aussage wird in Form eines Satzes mit Verzweigungsalternative angegeben. Verzweigung hierbei ist eine mehr globale als lokale Eigenschaft.

Für den Beweisgang werden hauptsächlich der Leray-Schauder-Abbildungsgrad und seine Eigenschaften benutzt.

R. E. L. TURNER untersuchte dann 1971 [26] ähnliche Probleme, ohne jedoch die Differenzierbarkeit an der Stelle $u = 0$, die Rabinowitz noch forderte, ausdrücklich zu verlangen.

Die betrachtete Operatorgleichung lautet $u = G(\lambda,u)$ mit

$$\mathbf{G(\lambda,u) = \lambda G_0\, u + G_1(\lambda,u)u.}$$

Die Abbildung $G: \mathbb{R} \times B \to B$ muß stetig und kompakt sein. B ist ein reeller Banachraum und G_0 eine lineare, kompakte Abbildung. Für G_1 gilt die zusätzliche Bedingung: $\forall(\lambda,u) \in \mathbb{R} \times B$: $G_1(\lambda,u)$ ist eine lineare, kompakte Abbildung in B, wobei die Anwendung auf u, $G_1(\lambda,u)u$, nicht notwendig differenzierbar sein muß.
Turner liefert Resultate über die Struktur der Lösungsmenge. Wenn $[a,b] \subset \mathbb{R}$ eine ungerade Zahl von charakteristischen Werten von G_0 enthält, dann befindet sich in der Umgebung dieser Werte eine abgeschlossene Teilmenge von Paaren $(\lambda,\|u\|)$, die die

E.W.A. lösen. Diese Teilmenge ist unbeschränkt oder mit einer Umgebung eines anderen charakteristischen Wertes von G_0 zusammenhängend. Hauptsächlich werden Aussagen von Krasnoselskii und der Leray-Schauder-Abbildungsgrad zur Herleitung der Sätze verwendet und als Beispiel für deren Anwendung eine nichtlineare, elliptische E.W.A. betrachtet.

MACBAINS [15] Ergebnisse führen Aussagen von Krasnoselskii und Rabinowitz zu einer größeren Klasse von Operatorgleichungen

$$\mathcal{L}u = \lambda u + H(\lambda,u)$$

in einem Hilbertraum $\mathcal{H}$, wobei folgendes gilt: $H: \mathbb{R} \times \mathcal{H} \rightarrow \mathcal{H}$, $H(\lambda,u)$ ist kompakt und $H = o(\|u\|)$ gleichmäßig in beschränkten λ-Intervallen für $u \rightarrow 0$. Hierbei ist $\mathcal{L}$: $\mathcal{H} \rightarrow \mathcal{H}$ ein selbstadjungierter Operator.

MacBain gibt einen Verzweigungssatz an über das globale Auftreten von Verzweigungsgebieten der Lösungsmenge dieser Operatorgleichung. Die Ergebnisse für selbstadjungierte Operatoren werden dann noch allgemeiner auf lineare, beschränkte Operatoren in reellen Banachräumen B übergeleitet.

Die Ergebnisse basieren auf der Arbeit von Rabinowitz [18] und den Eigenschaften des Leray-Schauder-Abbildungsgrades.

1975 wurde dann eine interessante Veröffentlichung von J. B. MCLEOD und R. E. L. TURNER herausgegeben, in der Operatorgleichungen der Art

$$(A_0 - \lambda_0 B_0)u = G(\lambda,u)$$

vorzufinden sind. Der nichtlineare Operator $G(\lambda,u)$ ist nichtdifferenzierbar; es wird vorausgesetzt: $G(\lambda,0) = 0 \;\forall\, \lambda \in \mathbb{R}$ und G lipschitzstetig in u für $u \to 0$ mit schmaler Lipschitzkonstante. Für die Operatoren A_0, B_0: $X \to Y$, X, Y reelle Banachräume, wird Linearität und Stetigkeit verlangt.

λ_0 ist ein isolierter Eigenwert (E.W.) von (A_0,B_0).

Man untersucht dort Verzweigungsprobleme. Die Resultate basieren auf der ungeraden Vielfachheit n des Eigenwertes λ_0 von (A_0,B_0). Außerdem werden Beispiele der „von Kármán-Platten" betrachtet.

Interessant ist hauptsächlich eine Erweiterung des Verzweigungssatzes von TURNER [27], die zur Klasse der linearen, stetigen Operatoren führt und als lokale Version der globalen Ergebnisse von MACBAIN [15] angesehen werden kann.

Im Gegensatz zu den meisten, einen Beitrag zu diesem Thema leistenden Veröffentlichungen und Arbeiten fand hier nicht der Leray-Schauder-Abbildungsgrad, sondern ein einfacher Satz über inverse Funktionen Anwendung.

H. BERESTYCKI [1] bearbeitete 1976 die nichtlineare Sturm-Liouville-Aufgabe

$$\mathcal{L}u = -(pu')' + qu,$$
$$\mathcal{L}u = \lambda au + F(x,u,u',\lambda), \quad x \in (0,\pi)$$

mit den separierten Randbedingungen

$$b_0\, u(0) + c_0\, u'(0) = 0$$
$$b_1\, u(\pi) + c_1\, u'(\pi) = 0.$$

Hierbei gilt: $F = f + g$ ist eine nichtlineare Abbildung;
$f, g: [0,\pi] \times \mathbb{R}^3 \to \mathbb{B}$ sind stetige Funktionen;

$$\left|\frac{f(x,u,s,\lambda)}{u}\right| \leq M \qquad \forall\, x \in [0,\pi]\ \forall\, u, s \in \mathbb{R},\ 0 < |u| \leq 1,\ |s| \leq 1,\ \forall\, \lambda \in \mathbb{R};$$ M positive Konstante.

Außerdem ist $g(x,u,s,\lambda) = o(|u| + |s|)$ nahe $(u,s) = (0,0)$ gleichmäßig in $x \in [0,\pi]$ und in λ für beschränkte λ-Intervalle.

$a: [0,\pi] \to \mathbb{B}$ ist eine positive, stetige Funktion. Berestycki zeigt die Existenz zweier Familien von abgeschlossenen, zusammenhängenden Lösungsbereichen $\mathcal{C}_k^+$ $\mathcal{C}_k^-$, die von der Achse der trivialen Lösungen verzweigen. Im allgemeinen kommt Verzweigung in jedem Intervall einer Folge beschränkter Intervalle vor. Die betrachteten Aufgaben haben generell keine Linearisierung, können aber durch linearisierbare der Form

$$\mathcal{L}u = \lambda au + f(x,u\,|u|^{\epsilon},u',\lambda) + g(x,u,u',\lambda), \quad x \in (0,\pi),$$

mit den separierten Randbedingungen, approximiert werden.

Sätze von RABINOWITZ [18—20] und ein Sturmscher Vergleichssatz liefern die Vorarbeit hierfür.

In § 3 dieser vorliegenden Arbeit sollen nun die Verzweigungsaussagen von K. SCHMITT und H. L. SMITH [23] dargestellt werden. Dabei gehen wir von der Operatorgleichung

$$u = F(\lambda,u),$$

$$F(\lambda,u) \in \lambda Lu + N(\lambda,u) + n(\lambda,u)$$

im reellen Banachraum B aus. F: $\mathbb{R} \times B \rightarrow B$ ist eine vollstetige Abbildung mit $F(\lambda,0) = 0$. Ferner soll der Operator L kompakt und linear, also auch vollstetig sein, für

N: $\mathbb{R} \times B \rightarrow \mathcal{P}(B)$ gilt $0 \in N(\lambda,u)$; N ist positiv homogen in u, vollstetig, $N(\lambda,u)$ sternförmig bezüglich 0, abgeschlossen und beschränkt und n: $\mathbb{R} \times B \rightarrow \mathcal{P}(B)$ mit $n(\lambda,u) = o(\|u\|)$ gleichmäßig auf kompakten λ-Mengen. Als „linearisierte Gleichung" in $(\lambda,0)$ wird dann

$$u \in \lambda Lu + N(\lambda,u)$$

angesehen.

Wenn nun das Intervall $[a,b] \subset \mathbb{R}$ unter bestimmten, in § 3 genau angegebenen Bedingungen, eine ungerade Zahl von charakteristischen Werten von L enthält, wobei die Vielfachheit mitgezählt werden muß, dann erhalten wir für die Lösungskontinua eine Verzweigungsalternative (Satz 3.2).

Wir sind darüber hinaus in der Lage, in § 4 nach gewissen Voraussetzungen eine Möglichkeit der Verzweigungsalternative auszuschließen, d. h. wir können zeigen, daß das Lösungskontinuum unbeschränkt ist.

In § 5 wird die Anwendung der Sätze aus § 3 und § 4 bei der Betrachtung der nichtlinearen Sturm-Liouville-Randwertaufgabe mit den separierten Randbedingungen, die auch Berestycki untersuchte, durchgeführt. Allerdings können wir in § 3, § 4 nicht folgern, daß jeder charakteristische Wert der linearen Aufgabe in einem charakteristischen Intervall enthalten ist, von welchem nichttriviale Lösungen verzweigen. Wird dieses für alle charakteristischen Intervalle verlangt, so muß die Methode von BERESTYCKI unter modifizierten Voraussetzungen versucht werden [1].

Wir formen in § 5 die Sturm-Liouville-R.W.A. mit Hilfe der Greenschen Funktion in die für die Bearbeitung notwendige Form um.

§ 6 ist dann eine Ausdehnung der Theorie des § 3 zur Klasse der Operatorgleichungen

$$Tu \in \lambda u + M(\lambda,u) + m(\lambda,u),$$

wobei $T: B \rightarrow B$ linearer, beschränkter Operator und B reeller Banachraum sind. M und m besitzen dieselben Eigenschaften wie in § 3 N bzw. n. Die Ergebnisse sind neu, da hier die Ergebnisse MacBains in interessanter Weise mit denen von K. Schmitt und H. L. Smith gekoppelt werden. Zusätzlich kann ein Verzweigungssatz für die Operatorgleichungen

$$\mathcal{L}u \in \lambda Lu + N(\lambda,u) + n(\lambda,u),$$

mit einem linearen, selbstadjungierten Operator $\mathcal{L}$ und einem beschränkten, linearen und positiv definiten Operator L hergeleitet werden.

Zum Abschluß sollen dann in § 7 Operatorgleichungen der Form

$$\mathbf{A_0 u = \lambda B_0 u + G(\lambda,u)}$$

in bezug auf Lösungsverzweigungen untersucht werden, und zwar mit linearen, stetigen Operatoren A_0 und B_0 und der nichtlinearen Abbildung $G(\lambda,u)$, die lipschitzstetig ist, aber keine Frechét-Ableitung besitzt. Neu ist hieran der gelungene Aufbau auf der Theorie von § 3. Damit haben wir Verzweigungsaussagen für vielfältige Operatorgleichungen mit nichtlinearem Anteil zusammengefaßt, mit den diversen Voraussetzungen des nichtlinearen Terms von Vollstetigkeit bis zur Lipschitzstetigkeit. Es bleibt zu vermuten, daß ein kombinierter Weg gefunden werden kann, der für alle diese verschiedenen Voraussetzungen gemeinsam Gültigkeit haben wird.

§ 2 Verwendete Bezeichnungen und Begriffe

§ 2 Verwendete Bezeichnungen und Begriffe

In diesem Paragraphen sollen die Definitionen und Sätze der Funktionalanalysis und der Topologie, die als Hilfsmittel in dieser Arbeit Verwendung finden, angegeben werden. Dabei beschränken wir uns auf die wichtigsten Dinge, so daß außerdem noch beispielsweise auf die Bücher von K. DEIMLING [7], F. HIRZEBRUCH / W. SCHARLAU [12] und J. WLOKA [31] verwiesen werden soll.

1. Mengen

Definition 2.1:

Sei E ein Banachraum. Eine Menge $K \subset \mathbb{R} \times E$ heißt Kontinuum, wenn K abgeschlossen und zusammenhängend ist. Ein Kontinuum heißt Teilkontinuum, wenn es Teilmenge einer Menge und Kontinuum ist.

Definition 2.2:

Mit der Potenzmenge $\mathcal{P}(A)$ bezeichnen wir die Menge der Teilmengen von A.

2. Topologie

Definition 2.3:

Sei Y eine Teilmenge eines topologischen Raumes $(X,\mathcal{O})$. Durch $\mathcal{O}_Y := \{O \cap Y; O \in \mathcal{O}\}$ wird eine Topologie auf Y erklärt. $\mathcal{O}_Y$ heißt

Spurtopologie oder Relativtopologie. $(Y,\mathcal{O}_Y)$ heißt Teilraum von X.

Definition 2.4:

Sind $(X,\mathcal{O}_1)$, $(Y,\mathcal{O}_2)$ zwei toplogische Räume, so wird auf der Produktmenge $X \times Y$ durch $\mathcal{O} = \{M \mid M = O_1 \times O_2, O_i \in \mathcal{O}_i, i = 1, 2\}$ eine Topologie $\mathcal{O}$ erzeugt. $(X \times Y,\mathcal{O})$ heißt Produktraum.

Im folgenden wird $\bar{A}$ für den Abschluß einer beliebigen Menge A benutzt.

Weitere Begriffe der Topologie findet man beispielsweise in B. v. QUERENBURG [17].

3. Räume

Definition 2.5:

Seien X_1, X_2 Banachräume. $X := X_1 \times X_2 = \{x = (x_1,x_2) \mid x_1 \in X_1, x_2 \in X_2\}$ ist ein Banachraum mit Norm

$$\|x\|_p = \max\{\|x_1\|_{X_1}, \|x_2\|_{X_2}\},$$

auch Produktraum $(X,\|\cdot\|_p)$ genannt.

Definition 2.6:

Sei X ein normierter Raum. $K_r(z_0) := \{z \in X \mid \|z - z_0\| < r\}$ heißt offene Kugel mit Radius r um z_0; $K_r(0) := K_r$. Die offenen Kugeln werden auch Umgebungen von z_0 genannt.

4. Abbildungen

Definition 2.7:

Für eine Abbildung $f: X \to Y$ werden der Definitionsbereich mit $D(f) \subset X$ und der Wertebereich mit $Im(f)$ bezeichnet.

Seien $f(x)$ und $g(x)$ nun zwei Funktionen, die

a) in einer zweiseitigen Umgebung: $|x - x_0| < \delta$ oder

b) in einer einseitigen Umgebung: $0 < x - x_0 < \delta$ (rechtsseitig)

bzw. $0 < x_0 - x < \delta$ (linksseitig) eines Punktes x_0 definiert sind.

Ist dann $\{x_n\}$ irgendeine nach x_0 konvergierende Punktfolge, die ganz in einer Umgebung a) oder b) enthalten ist, so schreibt man

I) $f(x) = o(g(x))$, wenn $f(x_n)/g(x_n) \to 0$ für $n \to \infty$,

II) $f(x) = 0(g(x))$, wenn $f(x_n)/g(x_n)$ stets für $n \to \infty$ beschränkt bleibt.

Man liest: $f(x)$ ist klein-o von $g(x)$, bzw. groß-0 von $g(x)$. o und 0 heißen Landausche Symbole. (Eingeführt von Bachmann und Landau).

Man bedenke, daß bei Zugrundelegung einer einseitigen Umgebung z.B. $f(x) = o(g(x))$ sein kann, während dies bei Zugrundelegung einer zweiseitigen Umgebung desselben Punktes x_0 nicht mehr richtig zu sein braucht.

Definition 2.8:

Seien $(X, \|\cdot\|_1)$ und $(Y, \|\cdot\|_2)$ zwei normierte Räume. Eine Abbildung $L: X \rightarrow Y$ heißt kompakt, wenn das Bild jeder beschränkten Menge $B \subset X$ relativ kompakt in Y ist. Ist diese Abbildung L zusätzlich stetig, so heißt sie vollstetig, so daß jede kompakte, lineare Abbildung vollstetig ist.

Für Definitionen und Eigenschaften von meßbaren Funktionen sei an dieser Stelle auf die Einführung in F. HIRZEBRUCH / W. SCHARLAU [12] hingewiesen.

Definition 2.9:

Sei X ein normierter Raum. Eine Folge $\{x_n\}$ von Elementen aus X konvergiert schwach gegen $x \in X$, wenn $\forall f \in X^*$, dem Dualraum von X, gilt: $f(x_n) \rightarrow f(x)$. Wir schreiben $x_n \rightharpoonup x$.

Definition 2.10:

Für eine mengenwertige Abbildung $N: \mathbb{R} \times B \rightarrow \mathcal{P}(\mathbb{R} \times B)$ gilt: $N(\lambda,u)$ heißt positiv homogen, wenn $\eta \cdot N(\lambda,u) \subset N(\lambda,\eta \cdot u)$, für $\eta > 0$; $N(\lambda,u)$ heißt sternförmig um 0, wenn $\forall\, u, u_1 \in N(\lambda,u)$: $u = t\, u_1$, mit $0 \leq t \leq 1$; N heißt vollstetig, wenn der Graph von N,

$\{((\lambda,u),v) \mid v \in N(\lambda,u)\}$ abgeschlossen in $\mathbb{R} \times B \times B$ und $\bigcup_{(\lambda,u)\in B_0} N(\lambda,u)$ relativ kompakt für jede beschränkte Menge $B_0 \subset \mathbb{R} \times B$.

Definition 2.11:

X, Y seien topologische Räume. Eine Abbildung $N: X \to \mathcal{P}(Y)$ heißt oberhalbstetig, wenn $\forall\, x \in X$: $N(x) \neq \emptyset$ und $\forall$ offenen $U \subset Y$: $N(x) \subset U$ $\exists\, V \in \mathcal{U}(x)$ mit $N(V) \subset U$, $N(V) = \bigcup_{x \in V} N(x)$.

$\mathcal{U}(x)$ Umgebungssystem der Umgebungen von x

Lemma 2.12:

X, Y seien kompakte Räume. $N: X \to \mathcal{P}(Y)$ ist oberhalbstetig $\Leftrightarrow$ $\{(x,y) \in X \times Y \mid y \in N(x)\}$ ist abgeschlossen in $X \times Y$.

Beweis: Beweis Lemma 9.4.3 in G. EISENACK / C. FENSKE [9].

Definition 2.13:

Sei $(X,\|\cdot\|)$ ein Banachraum, $M \subset X$ beschränkt. Die Zahl $\chi(M) := \inf\{\alpha > 0 \mid$ M läßt sich durch endlich viele Mengen mit einem Durchmesser $\leq \alpha$ überdecken$\}$ heißt „Nichtkompaktheitsmaß von M".

Definition 2.14:

Sind (X,d_1) und (Y,d_2) metrische Räume, $T: X \to Y$ ein stetiger, beschränkter Operator, und gibt es ein $\alpha \geq 0$, so daß $\chi(T(M)) \leq \alpha\, \chi(M)\ \forall\ M \subset D(T)$ beschränkt, so heißt T eine α-Mengenkontraktion.

5. Spektraltheorie

Definition 2.15:

Seien $A_0, B_0: X \rightarrow Y$ lineare, stetige Operatoren. Ein Eigenwert λ heißt isolierter Eigenwert von (A_0,B_0), wenn λ isolierter Punkt des Spektrums $\sigma(A_0,B_0)$ ist, wobei Eigenwert von (A_0,B_0) bedeutet: $\exists\ x \in X, x \neq 0: (A_0 - \lambda B_0)x = 0$.

Ist $A_0 - \lambda B_0: X \rightarrow Y$ für $\lambda \in \mathbb{C}$ ein topologischer Isomorphismus, so gehört λ zur Resolventenmenge $\rho(A_0,B_0)$. λ heißt dann regulärer Wert von (A_0,B_0) und

$R_\lambda: \rho(A_0,B_0) \rightarrow L(X,Y), \lambda \mapsto (A_0 - \lambda B_0)^{-1}$ Resolventenfunktion.
Hierbei ist $L(X,Y)$ die Menge aller stetigen, linearen Abbildungen von X in Y. Für $B_0 := I$ gilt: $\rho(A_0,I) =: \rho(A_0)$.

Definition 2.16:

$N_\lambda := \{x \in X \mid (A_0 - \lambda B_0)x = 0\}$ heißt Nullraum von (A_0,B_0).

§ 3 Verzweigungsaussagen für Operatorgleichungen mit vollstetigen Abbildungen

§ 3 Verzweigungsaussagen für Operatorgleichungen mit vollstetigen Abbildungen

1. Bezeichnungen und Voraussetzungen

Wir wollen die Struktur der Lösungsmenge einer Klasse von nichtlinearen Eigenwertaufgaben (E.W.An.) in einem Banachraum $\mathcal{B}$ mit Norm $\|\cdot\|_{\mathcal{B}}$ untersuchen. Sei dazu $\mathcal{F}$: $\mathcal{B} \to \mathcal{B}_1$ stetig, und $\mathcal{B}$, $\mathcal{B}_1$ seien reelle Banachräume.

Eine spezielle Familie solcher Gleichungen ist

$$u = F(\lambda,u) \tag{3.1}$$

mit $\lambda \in \mathbb{R}$, $u \in B$, B reeller Banachraum mit Norm $\|\cdot\|_{\mathcal{B}}$, wobei F: $\mathcal{B} := \mathbb{R} \times B \to B$ vollstetige Abbildung und $\mathcal{B}$ mit der Produkttopologie versehen ist.

Wir geben nun eine Zusammenfassung der

Voraussetzungen für die Operatorgleichung (3.1): (3.2)

1) $F(\lambda,u) \in \lambda Lu + N(\lambda,u) + n(\lambda,u)$, F vollstetig;
2) $L: B \to B$ ist ein kompakter, linearer Operator;
3) $N: \mathcal{B} \to \mathcal{P}(B)$ ist eine vollstetige Abbildung und zusätzlich gilt: $\forall\ (\lambda,u)$, $0 \in N(\lambda,u)$: $N(\lambda,u)$ ist positiv homogen bezüglich u, sternförmig um 0, abgeschlossen und beschränkt;
4) $n: \mathcal{B} \to \mathcal{P}(B)$, $n(\lambda,u) = o(\|u\|)$ gleichmäßig auf kompakten

λ-Mengen.

Als Lösung der Gleichung (3.1) bezeichnen wir ein Paar $(\lambda,u) \in \mathcal{B}$, welches (3.1) erfüllt; deshalb wird $(\lambda,0)$ als triviale Lösung bezeichnet. Da uns das Phänomen der Verzweigung interessiert, soll $(\lambda,0)$ Verzweigungspunkt von F heißen, wenn alle Umgebungen $U((\lambda,0)) \subset \mathcal{B}$ nichttriviale Lösungen besitzen.

Im folgenden benutzen wir die Bezeichnungen:

V <u>(Menge der Verzweigungspunkte)</u>

$V := \{\lambda \in \mathbb{R} \mid (\lambda,0)$ ist ein Verzweigungspunkt von (3.1)$\}$.

S <u>(Menge der nichttrivialen Lösungen)</u>

$S := \overline{\{(\lambda,u) \in \mathcal{B} \mid u = F(\lambda,u),\ u \neq 0\}}$, wobei $\overline{\{\ \}}$ den Abschluß bedeutet.

C_L <u>(Menge der charakteristischen Werte von L)</u>

$C_L := \{\lambda \in \mathbb{R} \mid \exists\ u \in B,\ u \neq 0,\ u = \lambda Lu\}$.

<u>C</u>

$C := \{\lambda \in \mathbb{R} \mid u \in \lambda Lu + N(\lambda,u)$ besitzt eine nichttriviale Lösung (λ,u), wobei $u \in \lambda Lu + N(\lambda,u)$ als Linearisierung von (3.1) in $(\lambda,0)$ bezeichnet wird$\}$.

Definition: Vielfachheit des charakteristischen Wertes

dim $\{\bigcup_{j=1}^{\infty} \ker (I - \lambda L)^j\}$ heißt Vielfachheit von λ, wenn λ charakteristischer Wert von L ist.

Damit haben wir die wichtigsten Voraussetzungen für unsere Verzweigungsbetrachtungen zusammengefaßt.

2. Verzweigungsaussagen

Wir sind mit den Bezeichnungen des ersten Teils dieses Paragraphens in der Lage, ein notwendiges Lemma zu beweisen.

Lemma 3.1:

$V \subset C$, d. h. $\forall\ \lambda \notin C\ \exists$ Umgebungen $U((\lambda,0)) \subset \mathcal{B}$: In U liegen nur triviale Lösungen $(\lambda,0)$ der Gleichung (3.1).

Beweis:

1. Wir nehmen an, die Aussage ist falsch und wählen $\lambda \notin C \Rightarrow$
$\Rightarrow\ \forall\ U((\lambda,0)) \subset \mathcal{B}\ \exists$ nichttriviale Lösungen, $(\lambda,u) \in U$, von (3.1). $\Rightarrow$ Es existiert nun eine konvergente Folge $\{(\lambda_k,u_k)\}$, $(\lambda_k,u_k) \to (\lambda,0)$ mit $u_k \neq 0,\ k \to \infty$. Ferner gilt

$$0 \neq u_k = F(\lambda_k,u_k) \in \lambda_k L u_k + N(\lambda_k,u_k) + n(\lambda_k,u_k).$$

Also existieren $v_k \in N(\lambda_k,u_k)$ und $w_k \in n(\lambda_k,u_k)$, so daß

$$u_k = \lambda_k L u_k + v_k + w_k$$

gilt.

2. Wir definieren nun $x_k := \frac{u_k}{\|u_k\|}$, $y_k := \frac{v_k}{\|u_k\|}$ und $z_k := \frac{w_k}{\|u_k\|}$ $\Rightarrow$

$$x_k = \lambda_k L x_k + y_k + z_k \qquad (3.3)$$

$k \to \infty$, wobei $y_k \in N(\lambda_k, x_k)$; denn

$$y_k = \frac{v_k}{\|u_k\|} \in \frac{1}{\|u_k\|} \cdot N(\lambda_k, u_k) \subset N(\lambda_k, u_k/\|u_k\|) = N(\lambda_k, x_k),$$

da N positiv homogen.

Außerdem gilt $z_k \to 0$; denn $\frac{w_k}{\|u_k\|} \in \frac{n(\lambda_k, u_k)}{\|u_k\|} \to 0$ wegen 4) der Voraussetzungen (3.2).

3. Nach 2), 3) der Voraussetzungen (3.2) sind L und N vollstetig. $\Rightarrow$ $\{Lx_k\}$ enthält eine konvergente Teilfolge, welche wir genauso bezeichnen, d. h. wir haben $x_k \to x$, $\|x_k\| = 1$, $y_k \to y$ und (wegen (3.2))

$$x = \lambda L x + y.$$

Hier ist nun $y \in N(\lambda, x)$, so daß aus der letzten Gleichung folgt $\lambda \in C$; nach Definition von C. Dies ist ein Widerspruch zur Wahl von λ in 1. . q. e. d.

Wir definieren nun das Verzweigungskontinuum für die Lösungen unserer Operatorgleichung (3.1).

Definition 3.2:

$\underline{K} := \{k \mid k$ ist ein Kontinuum, $k \subset (([a,b] \cap V) \times \{0\} \cup S)$, wobei zusätzlich $k \cap ([a,b] \cap V) \times \{0\} \neq \emptyset\}$, $a, b \in \mathbb{R} \setminus C$.

Definition 3.3:

$$\underline{C} := \bigcup_{k \in K} k$$

Lemma 3.4:

Sei C beschränkt. $\Rightarrow \overline{C}$ ist kompakt.

Beweis:

Wenn C beschränkt ist, folgt aus den Definitionen von k und S, wegen der Vollstetigkeit von F (3.2) 1), die Kompaktheit von $\overline{C}$.

q. e. d.

Mit den folgenden Definitionen erhalten wir Lemma 3.7 und die Bemerkung 3.8.

Definition 3.5:

$\underline{a^*} := \inf\{C \cap [a,b]\}$, $\underline{b^*} := \sup\{C \cap [a,b]\}$, $a, b \in \mathbb{R}\setminus C$.

Definition 3.6:

$\underline{A} := [a^*,b^*] \times \{0\} \cup \overline{\mathcal{C}}$

Lemma 3.7: Eigenschaften von A

Sei $\mathcal{C}$ beschränkt. ⇒
a) A ist kompakt.
b) A ist zusammenhängend.

Beweis:

1. Da nach Lemma 3.4 $\overline{\mathcal{C}}$ kompakt ist, gilt dieses auch für A bezüglich der Produkttopologie.

2. Nach Definition 3.5 von a* und b* und Lemma 3.1 liegen alle möglichen Verzweigungspunkte von (3.1) aus [a,b] in $[a^*,b^*] \times \{0\}$, deshalb folgt aus der Definition von $\mathcal{C}$, daß A zusammenhängend ist.

q. e. d.

Bemerkung 3.8:

Nach der Definition von A und $\mathcal{C}$ (3.6, 3.3) ist A die maximal zusammenhängende Teilmenge von $[a^*,b^*] \times \{0\} \cup S$, die

$[a^*,b^*] \times \{0\}$ enthält, da keine größere abgeschlossene, zusammenhängende Teilmenge angenommen werden kann, die ein Teilkontinuum von $[a^*,b^*] \times \{0\} \cup S$ und $[a^*,b^*] \times \{0\}$ und ein Kontinuum k aus K schneidet.

Wir benötigen nun noch ein Lemma, dessen Beweis elementar und beispielsweise in G. T. WHYBURN [30] zu finden ist.

Lemma 3.9:

1) Es sei M ein kompakter, metrischer Raum.
2) $\exists\ O, P \subset M$; $O \cap P = \emptyset$; O, P abgeschlossen;

$\Rightarrow$ Entweder a) $\exists\ T \subset M$; T Kontinuum; $T \cap O \neq \emptyset$; $T \cap P \neq \emptyset$

oder b) $\exists\ M_O, M_P \subset M$; $M = M_O \cup M_P$; $M_O \cap M_P = \emptyset$; M_O, M_P kompakt; $O \subset M_O$; $P \subset M_P$.

Lemma 3.10:

Es seien weder a) $\mathbb{C}$ ist unbeschränkt

noch b) $\exists\ k \in K$: $k \cap (\mathbb{R}\setminus[a,b]) \times \{0\} \neq \emptyset$ erfüllt.

$\Rightarrow A \cap (\mathbb{R}\setminus(a^* - \epsilon, b^* + \epsilon)) \times \{0\} = \emptyset$ mit $\epsilon < \min\{a^* - a, b - b^*\}$.

Beweis:

1. Wenn die Aussage nicht gilt, folgt

$A \cap (\mathbb{R}\setminus(a^* - \epsilon, b^* + \epsilon)) \times \{0\} \neq \emptyset$. $\Rightarrow \exists\ (\lambda,0) \in A$ mit

$\lambda \in \mathbb{R} \backslash (a^* - \epsilon, b^* + \epsilon)$.

A ist nach Lemma 3.7 a) kompakt, und mit der Metrik $d_{\mathcal{B}}(x,y) := \|x - y\|_{\mathcal{B}}$ wird $(A, d_{\mathcal{B}})$ zum metrischen Raum. Da $\{(\lambda,0)\}$, $[a^*,b^*] \times \{0\} \subset A$ abgeschlossen und disjunkt sind ($(\lambda,0) \in (\mathbb{R} \backslash (a^* - \epsilon, b^* + \epsilon)) \times \{0\}$, $\epsilon > 0$ nach Definition von a^*, b^*), haben wir alle Voraussetzungen von Lemma 3.9 für $M := A$ erfüllt.

2. Nach Lemma 3.7 b) ist A zusammenhängend. ⇨ Alternativaussage b) von Lemma 3.9 kann nicht zur Anwendung kommen. ⇨ $\exists\, T \subset A$, Kontinuum. Es gilt $T \cap \{(\lambda,0)\} \neq \emptyset$, $T \cap \{ [a^*,b^*] \times \{0\} \} \neq \emptyset$.

3. Nach Definition von A und $\mathcal{C}$ (3.6, 3.3) erhalten wir $T \subset A \subset$ $\subset ([a^*,b^*] \times \{0\} \cup S)$. Da nach Wahl von ϵ die Ungleichung $0 < \epsilon < \min\{a^* - a, b - b^*\}$ gilt und A nach Bemerkung 3.8 maximal ist, ergibt sich jedoch durch $T \cap \{(\lambda,0)\} \neq \emptyset$ ein Widerspruch zur Voraussetzung b) dieses Lemmas.

q. e. d.

Mit diesem Lemma sind wir in der Lage, ein wichtiges Lemma zu beweisen, mit dem wir dann anschließend sofort den angekündigten Verzweigungssatz bekommen.

Lemma 3.11:

Sei die Voraussetzung von Lemma 3.10 erfüllt. $\Rightarrow$
$\Rightarrow \exists\, \mathcal{O} \subset \mathcal{B}$, offen und beschränkt, mit folgenden Eigenschaften:

i) $[a^*,b^*] \times \{0\} \subset \mathcal{O}$;

ii) $\partial\mathcal{O} \cap S = \emptyset$;

iii) $\forall\, (\lambda,0) \in \overline{\mathcal{O}}$: $(\lambda,0) \in (a^* - \epsilon, b^* + \epsilon) \times \{0\}$, mit
$\epsilon < \min\{a^* - a, b - b^*\}$.

Beweis:

1. Lemma 3.10 $\Rightarrow \exists\, \delta_1 := \operatorname{dist}\{A,(\mathbb{R}\backslash(a^* - \epsilon, b^* + \epsilon)) \times \{0\}\} > 0$.

   Für $\delta < \delta_1$ sei $U_\delta(A)$ eine δ-Umgebung von A. Definieren wir

   nun $M := \overline{(U_\delta(A) \cap S)} \cup [a^*,b^*] \times \{0\}$ und $P := \partial U_\delta(A) \cap S$,
   so ist $P \subset M$ nach Konstruktion abgeschlossen.

   Weil A nach Lemma 3.7 a) kompakt ist, gilt dieses auch für M, damit wird $(M,d_{\mathcal{B}})$ kompakter, metrischer Raum mit $A, P \subset M$; $A \cap P = \emptyset$. Wir haben also alle Voraussetzungen von Lemma 3.9 für $O := A$ erfüllt.

2. Die erste Alternativaussage a) von Lemma 3.9 ist nicht möglich,

denn nach Bemerkung 3.8 ist A maximal zusammenhängende Teilmenge von $[a^*,b^*] \times \{0\} \cup S$, die $[a^*,b^*] \times \{0\}$ enthält, deshalb gilt b) von Lemma 3.9:

$\exists\ M_A, M_P \subset M: M = M_A \cup M_P$, M_A und M_P sind disjunkte, kompakte Teilmengen, die A beziehungsweise P enthalten.

3. Definieren wir nun $\mathcal{O} := \{(\lambda,u) \mid \text{dist}\{(\lambda,u),M_A\} < \epsilon\} \cap U_\delta(A)$, wobei $\epsilon < \text{dist}\{M_A,M_P\}$: $\Rightarrow$ Wenn $(\lambda,u) \in \partial\mathcal{O} \cap S$, dann ist $(\lambda,u) \in U_\delta(A) \cap S \Rightarrow (\lambda,u) \in M$. $\Rightarrow$ Entweder gilt $(\lambda,u) \in M_A$, was einen Widerspruch zur Wahl von $(\lambda,u) \in \partial\mathcal{O} \cap S$ ergibt oder $(\lambda,u) \in M_P$, was einen Widerspruch zur Wahl von ϵ liefert, also gilt $\partial\mathcal{O} \cap S = \emptyset$, damit besitzt $\mathcal{O}$ die geforderten Eigenschaften und iii) folgt direkt aus Lemma 3.10.

q. e. d.

<u>Satz 3.12</u>: <u>Verzweigungssatz</u>

1. Es seien die Voraussetzungen (3.2) der Operatorgleichung erfüllt.
2. Seien $a, b \in \mathbb{R} \setminus C$.
3. $[a,b]$ enthält eine ungerade Anzahl von Elementen aus C_L, wobei die Vielfachheit mitgezählt wird.

Dann gilt $V \cap [a,b] \neq \emptyset$.

$\Rightarrow$ Entweder a) $\mathcal{C}$ ist unbeschränkt

oder b) $\exists\ k \in K: k \cap (\mathbb{R} \setminus [a,b]) \times \{0\} \neq \emptyset$.

<u>Beweis:</u>

Es gilt $0 \in N(\lambda,u) \Rightarrow C_L \subset C$. Nach Lemma 3.1 $V \subset C$, folgt wegen 2. und 3. der Voraussetzungen dieses Satzes aus dem Satz von Krasnoselskii [6]: $[a,b] \cap V \neq \emptyset$.

Wir nehmen nun an, weder a) noch b) gelten, und konstruieren einen Widerspruch:

1. Lemma 3.11 $\Rightarrow \exists\, \mathcal{O} \subset \mathcal{B}$ offen, beschränkt. Definieren wir nun $\mathcal{O}_\lambda := \{u \in B \mid (\lambda,u) \in \mathcal{O}\}$. $\Rightarrow$ Mit B als reellem Banachraum mit Norm $\|\cdot\|_{\mathcal{B}}$: $\mathcal{O}_\lambda \subset B$ offen und beschränkt; denn $\mathcal{O}$ ist offen und beschränkt. $F: \mathcal{O}_\lambda \to B$ als vollstetige Abbildung und $0 \notin (I - F)(\partial\mathcal{O}_\lambda)$, (denn: Lemma 3.11 ii) $\Rightarrow \partial\mathcal{O} \cap S = \emptyset$, da $\partial\mathcal{O}_\lambda \subset \partial\mathcal{O} \Rightarrow \partial\mathcal{O}_\lambda \cap S = \emptyset$, Lemma 3.11 iii) $\Rightarrow 0 \notin \partial\mathcal{O} \Rightarrow$ $\Rightarrow u \neq F(\lambda,u)\ \forall\, u \in \partial\mathcal{O}_\lambda$) sind die Voraussetzungen für die Definition des Leray-Schauder-Abbildungsgrades [7, Seite 67]

   gegeben. Mit $P_1: \overline{\mathcal{O}_\lambda} \to X_1 \subset B$ vollstetige Abbildung; X_1 endlichdimensionaler Unterraum und: $\mathcal{O}_\lambda \cap X_1 \neq \emptyset$, $0 \in X_1$,

   $$\sup_{u \in \overline{\mathcal{O}_\lambda}} \|F(\lambda,u) - P_1(\lambda,u)\| < \inf_{u \in \overline{\mathcal{O}_\lambda}} \|u - F(\lambda,u)\| \quad \text{ist}$$

   $$d(I - F,\mathcal{O}_\lambda,0) := d\big((I - P_1)|_{\overline{\mathcal{O}_\lambda \cap X_1}}, \mathcal{O}_\lambda \cap X_1, 0\big) \text{ wohldefinierter}$$

   Leray-Schauder-Abbildungsgrad von $I - F$ auf $\mathcal{O}_\lambda$ bezüglich 0.

2. d ist unabhängig von $\lambda \in [a^* - \epsilon, b^* + \epsilon]$, für $\epsilon > 0$ hinreichend klein: Wählen wir $\lambda_1, \lambda_2 \in [a^* - \epsilon, b^* + \epsilon]$, $\lambda_1 \neq \lambda_2$ und definieren die Homotopie $H_0 := F((1-t)\cdot\lambda_1 + t\cdot\lambda_2, u)$, $t \in [0,1]$, $H := I - H_0$, dann gilt, H_0 vollstetig und $0 \notin H([0,1] \times \partial\mathcal{O}_\lambda)$; denn $0 = u - F((1-t)\cdot\lambda_1 + t\cdot\lambda_2, u) \Rightarrow u = F(\lambda_0, u)$, für ein $\lambda_0 \in [a^* - \epsilon, b^* + \epsilon]$ und $u \in \partial\mathcal{O}_{\lambda_0}$, im Widerspruch zur Definition unseres Leray-Schauder-Abbildungsgrades, also ergibt die Homotopie-Invarianz-Eigenschaft von d [7, Seite 67]: $d(H(t,\cdot), \mathcal{O}_\lambda, 0) = \text{const.}$ auf $[0,1]$, d. h. nach unserer Konstruktion von $\mathcal{O}$ in Lemma 3.11, daß d unabhängig von λ ist, $\forall\, \lambda \in [a^* - \epsilon, b^* + \epsilon]$.

3. Nach Definition von a^* und b^*, 3.5, kann λ, $\forall\, \lambda \in [a, a^*) \cup (b^*, b]$ nicht aus C sein. Lemma 3.1 $\Rightarrow (\lambda, 0)$ ist für diese λ eine in B isolierte Lösung. $\Rightarrow \exists\, \rho(\lambda) > 0$; $\forall\, \lambda \in [a, a^*) \cup (b^*, b]$: $(\lambda, 0)$ ist einzige Lösung der Operatorgleichung (3.1) in $\{\lambda\} \times \overline{B_{\rho(\lambda)}}$, wobei $B_{\rho(\lambda)} := \{u \in B \mid \|u\| < \rho(\lambda)\}$. Wenn wir für $\lambda \leq a$ bzw. $\lambda \geq b$ $\rho(\lambda) := \rho(a)$ bzw. $\rho(\lambda) := \rho(b)$ setzen und $\rho(a)$ und $\rho(b)$ genügend klein wählen, dann gilt für diese λ: $\overline{B_{\rho(\lambda)}} \cap \mathcal{O}_\lambda = \emptyset$, da es nach Lemma 3.11 iii) keine trivialen Lösungen (a,0) bzw. (b,0) gibt. Für $\lambda \in (a, a^*) \cup (b^*, b)$ gilt: $(\lambda, 0) \notin \{\lambda\} \times \partial(\mathcal{O}_\lambda \setminus \overline{B_{\rho(\lambda)}})$, weil $(\lambda, 0)$ isolierte Lösung

in B ist.

Damit wird $d(I - F(\lambda,\cdot),\mathcal{O}_\lambda\setminus\overline{B_{\rho(\lambda)}},0)$ $\forall\ \lambda \in [a,a^*) \cup (b^*,b]$ wohldefiniert.

Wir zeigen nun,

$$d(I - F(\lambda,\cdot),\mathcal{O}_\lambda\setminus\overline{B_{\rho(\lambda)}},0) = 0\ \forall\ \lambda \in [a,a^*) \cup (b^*,b]. \qquad (3.4)$$

Hierfür müssen wir den Abbildungsgrad nur für $\lambda \in (b^*,b]$ berechnen, da die Berechnung für $\lambda \in [a,a^*)$ analog verläuft. Wir wählen $\lambda^* > \nu$: $(\nu,u) \in \mathcal{O} \Rightarrow \nu < \lambda^*$. Für $\rho := \inf\{\rho(\mu) \mid \lambda \le \mu \le \lambda^*\}$ gilt $\rho > 0$ wegen der isolierten

Lösungen $(\lambda,0)$, damit haben wir $\mathbb{P} := \mathcal{O} - [\lambda,\lambda^*] \times \overline{B_\rho}$ als beschränkte, offene Menge in $\hat{\mathcal{B}} := [\lambda,\lambda^*] \times B$.
$u - F(\mu,u) \neq 0\ \forall\ (\mu,u) \in \partial\mathbb{P}$ in $\hat{\mathcal{B}}$ nach Wahl von ρ und Lemma 3.11ii), deshalb ergibt sich wieder aus der Homotopie-Invarianz-Eigenschaft von d wie unter 2., daß

$$d(I - F(\mu,\cdot),\mathcal{O}_\mu\setminus\overline{B_\rho},0) = \text{const. für } \mu \in [\lambda,\lambda^*].$$

Nach Wahl von λ^* gilt aber $\mathcal{O}_{\lambda^*}\setminus\overline{B_\rho} = \emptyset$, so daß

$$d(I - F(\lambda^*,\cdot),\mathcal{O}_{\lambda^*}\setminus\overline{B_\rho},0) = 0 = d(I - F(\lambda,\cdot),\mathcal{O}_\lambda\setminus\overline{B_\rho},0).$$

Mit der Additivitätseigenschaft von d [7] folgt nun

$$d(I - F(\lambda,\cdot),\mathcal{O}_\lambda\setminus\overline{B_\rho},0) = d(I - F(\lambda,\cdot),\mathcal{O}_\lambda\setminus\overline{B_{\rho(\lambda)}},0) +$$

$$+ d(I - F(\lambda,\cdot),\mathcal{O}_\lambda \setminus ((\mathcal{O}_\lambda \setminus \overline{B_\rho(\lambda)}) \cup \overline{B_\rho}),0) \quad \Rightarrow$$

$$\Rightarrow d(I - F(\lambda,\cdot),\mathcal{O}_\lambda \setminus \overline{B_\rho(\lambda)},0) = - d(I - F(\lambda,\cdot),\overline{B_\rho(\lambda)} \setminus \overline{B_\rho},0) = 0;$$

denn $(\lambda,0)$ ist isolierte Lösung in $\overline{B_\rho(\lambda)}$.
Also haben wir (3.4) gezeigt.

4. Es soll nun eine Homotopie H betrachtet und mit ihrer Hilfe ein Widerspruch zur λ-Unabhängigkeit von d unter 2. abgeleitet werden.

Dazu definieren wir $H := H(t,u) := u - tF(a,u) - (1-t)aLu, t \in [0,1]$,

$H: [0,1] \times \{a\} \times \overline{B_{\rho(a)}} \to B, H = I - H_0$ mit $H_0 := tF(a,u) + (1-t)aLu$,

H_0 ist wegen der Voraussetzungen (3.2) vollstetig. Wenn $\rho(a)$ ausreichend klein gewählt wird, gilt

$$0 \notin H([0,1] \times \partial B_{\rho(a)}):$$

$0 \in H([0,1] \times \partial B_{\rho(a)}) \Rightarrow \exists$ Folge $\{u_k\}$ mit $u_k \to 0, u_k \neq 0$ und $\{t_k\} \subset [0,1]$, so daß $H(t_k,u_k) = 0$ für $k = 1, 2, \ldots$.

Definieren wir $x_k := \frac{u_k}{\|u_k\|}$. $\Rightarrow x_k = (t_k / \|u_k\|)\, F(a,u_k) +$

$$+ ((1 - t_k)/\|u_k\|)aLu_k \Leftrightarrow$$

$$\Leftrightarrow \quad x_k = t_k\, F(a,u_k)/\|u_k\| + (1 - t_k)aLx_k; \tag{3.5}$$

wegen der Linearität von L.
Andererseits haben wir

$F(a,u_k)/\|u_k\| \in aLx_k + (1/\|u_k\|)N(a,u_k) + (1/\|u_k\|)n(a,u_k)$, wobei nach 4) der Voraussetzungen (3.2) der letzte Term $\to 0$ strebt.
(3.5) $\Rightarrow$ $x_k \in aLx_k + (t_k/\|u_k\|)N(a,u_k) + (t_k/\|u_k\|)n(a,u_k)$.
Da $N(a,u_k)$ positiv homogen bezüglich der zweiten Variablen, folgt $x_k \in aLx_k + N(a,t_kx_k) + (t_k/\|u_k\|)n(a,u_k)$. Wegen der Kompaktheit von L u. N besitzen $\{Lx_k\}$ u. $N(a,t_kx_k)$ wegen $\|x_k\| = 1$ und $\{t_k\} \subset [0,1]$ konvergente Teilfolgen, welche wir genauso bezeichnen, d. h. es gilt $x_k \to x$ und $t_k \to t_0$, s. d.

$$x \in aLx + N(a,t_0 x) \subset aLx + N(a,x),$$

da $N(a,t_0 x)$ sternförmig um Null ist. Aus letzter Gleichung folgt jedoch $a \in C$, also Widerspruch zur Wahl von a. Damit erfüllt H die Voraussetzungen der Homotopie-Invarianz-Eigenschaft, die wir im folgenden ausnutzen wollen.

5. Es gilt also $d(H(t,\cdot),B_{\rho(a)},0) = \text{const.}$ auf $[0,1]$ $\Rightarrow$
$\Rightarrow d(H(0,\cdot),B_{\rho(a)},0) = d(I - aL,B_{\rho(a)},0) = d(H(1,\cdot),B_{\rho(a)},0) =$
$= d(I - F(a,\cdot),B_{\rho(a)},0).$ (3.6)

Nach entsprechender Veränderung von H und entsprechender Wahl von $\rho(b)$ gilt analog

$$d(I - bL,B_{\rho(b)},0) = d(I - F(b,\cdot),B_{\rho(b)},0). \qquad (3.7)$$

6. Wir entwickeln nun eine Formel für den Abbildungsgrad und bekommen dann mit Hilfe von (3.6) und (3.7) den gewünschten Widerspruch:

Der Satz von Leray-Schauder [7, Seite 77] ergibt

$$d(I - \mu L, B\rho(\mu), 0) = (-1)^{\beta(\mu)},$$

wobei gelten muß: L linear, vollstetig; $\mu \in \mathbb{R}\setminus\{0\}$ keine charakteristische Zahl von L; 0 isolierter Fixpunkt von μL in $B_{\rho(\mu)}$, $\beta(\mu) = \Sigma\kappa(\lambda_j)$; ($\lambda_j$ charakteristische Zahlen von L, $\lambda j \in (0,\mu)$, $\kappa(\lambda_j)$ algebraische Vielfachheit von λj).
Da wir $B\rho(a)$, $B\rho(b)$ so gewählt hatten, daß (a,0) bzw. (b,0) isolierte Lösungen sind, haben wir diese Voraussetzungen mit $\mu := a, b$ erfüllt. ⇒

$$\Rightarrow \qquad d(I - aL, B\rho(a), 0) = (-1)^{\alpha},\ \alpha = \Sigma\kappa(\lambda_j),\ \lambda j \in (0,a)$$

und $d(I - bL, B\rho(b), 0) = (-1)^{\gamma},\ \gamma = \Sigma\kappa(\lambda_j),\ \lambda j \in (0,b)$. (3.8)

Mit $\beta := \gamma - \alpha, \qquad \beta = \Sigma\kappa(\lambda_j),\ \lambda j \in [a,b]$ folgt dann

$$\frac{d(I - bL, B\rho(b), 0)}{d(I - aL, B\rho(a), 0)} = \frac{(-1)^{\gamma}}{(-1)^{\alpha}} = (-1)^{\beta} \quad \Rightarrow \qquad (3.9)$$

$d(I - bL, B_{\rho(b)}, 0) = (-1)^{\beta} d(I - aL, B_{\rho(a)}, 0) \Rightarrow$ mit (3.9, 3.8, 3.7, 3.9, 3.6)

$$d(I - bL, B_{\rho(b)}, 0) = \pm\, d(I - aL, B_{\rho(a)}, 0) \Rightarrow 0 \neq d(I - bL, B_{\rho(b)}, 0) =$$

$$= d(I - F(b,\cdot), B_{\rho(b)}, 0) = - d(I - aL, B_{\rho(a)}, 0) = - d(I - F(a,\cdot), B_{\rho(a)}, 0), \qquad (3.10)$$

wobei die mittlere Gleichung durch die Voraussetzung 3. dieses Satzes zustande kommt.
Andererseits gilt wegen der Eigenschaften von d:

$$d(I - F(a^* - \epsilon,\cdot), \mathcal{O}_{a^*-\epsilon}, 0) = \qquad (3.11)$$

$$= d(I - F(a^*-\epsilon,\cdot), \mathcal{O}_{a^*-\epsilon} \setminus \overline{B\rho(a^*-\epsilon)}, 0) + d(I - F(a^*-\epsilon,\cdot), B\rho(a^*-\epsilon), 0) =$$
$$= d(I - F(a^* - \epsilon,\cdot), B\rho(a^*-\epsilon), 0) = d(I - F(a,\cdot), B\rho(a), 0).$$

Analog erhält man

$$d(I - F(b^* + \epsilon,\cdot), \mathcal{O}_{b^*+\epsilon}, 0) = d(I - F(b,\cdot), B\rho(b), 0). \qquad (3.12)$$

Zusammen haben wir mit (3.11, 3.10, 3.12)

$$d(I - F(a^* - \epsilon,\cdot), \mathcal{O}_{a^*-\epsilon}, 0) = d(I - F(a,\cdot), B\rho(a), 0) =$$

$$= - d(I - F(b,\cdot), B\rho(b), 0) = - d(I - F(b^* + \epsilon,\cdot), \mathcal{O}_{b^*+\epsilon}, 0).$$

Dieses ist nun ein Widerspruch zur Unabhängigkeit des Abbildungsgrades von λ unter 2. .

q. e. d.

Bemerkung 3.13:

TURNERS Verzweigungsaussagen [26] über die nichtlineare

E.W.A. $u = G(\lambda,u) := \lambda G_0 u + G_1(\lambda,u)u$

mit den auf Seite 28 erwähnten Voraussetzungen unterscheiden sich zu denen von unserer betrachteten (3.1), (3.2) nur durch die kompakte, lineare Abbildung $G_1(\lambda,u)$, wobei $G_1(\lambda,u)u$, die Anwendung auf u, nicht notwendig differenzierbar sein muß. Wegen der Vollstetigkeit von $G_1(\lambda,u)$ reduziert sich der Unterschied zu unserer mengenwertigen Abbildung $N(\lambda,u)$ auf Sternförmigkeit und Homogenität, d. h., wenn G_1 nicht von λ abhängt, können wir

$$N(u) = N(\lambda,u) := \{w \mid w = \mu G_1(tu)u,\ \mu \in [0,1],\ 0 < t \leq 1\}$$

setzen und erhalten, daß N(u) sternförmig um 0 und positiv homogen bezüglich u für $\eta \geq 1$ wird:

Sei $w_1 \in N(u)$, $w_1 = \mu_1 G_1(t_1 u)u$, $w := s\, w_1 = s\, \mu_1 G_1(t_1 u)u$,
$s \in [0,1]$, $\mu_1 \in [0,1] \Rightarrow$ mit $\mu_0 := s\, \mu_1$, $\mu_0 \in [0,1]$ wird
$w = \mu_0 G_1(t_1 u)u \Rightarrow w \in N(u)$.
Sei $\eta > 0$: $\forall$ u: $\eta N(u) = \{\eta w \mid \eta w = \eta\mu G_1(tu)u = \mu G_1(tu)\eta u\}$;
$N(\eta u) = \{w \mid w = \mu G_1(t\eta u)\eta u\}$; ist $t\eta \in [0,1]$, $\eta \geq 1 \Rightarrow$
$\Rightarrow \eta N(u) \subset N(\eta u)$.
Dieses ist keine Einschränkung, denn im Beweis von Satz 3.1 u. Satz 3.12 wurde die positive Homogenität ohnehin nur für große

η benötigt.

Damit können wir also für den Fall, daß G_1 nicht von λ abhängt, unseren Verzweigungssatz auf $G(\lambda,u)$ anstelle von $F(\lambda,u)$ anwenden.

Es sollen jetzt zwei endlichdimensionale Beispiele zur Verdeutlichung der verwendeten Mengen C, C_L, V und $N(\lambda,u)$ betrachtet werden.

<u>Beispiel 3.14</u>:

Für die Skalar-Gleichung

$$u = \lambda u + |u|$$

ergibt sich $L := I. \Rightarrow u = \lambda Lu \Leftrightarrow u = \lambda u \Rightarrow C_L = \{1\}$. Mit $N(\lambda,u) := [0,|u|]$ haben wir auch die Voraussetzungen von N (3.2) 3) erfüllt.

$$u \in \lambda u + [0,|u|]$$

Kleinster λ-Wert für eine mögliche nichttriviale Lösung ist $\lambda = 0$, $\lambda = 2$ ist der größte Wert. Zwischen diesen beiden liegen die anderen möglichen Werte, so daß $C = [0,2]$.

Für $\lambda = 0$ folgt aus der Skalar-Gleichung $u = |u|. \Rightarrow (0,0)$ ist Verzweigungspunkt. $\lambda = 2 \Rightarrow - u = |u| \Rightarrow$ für alle negativen u ist diese Gleichung erfüllt, so daß (2,0) Verzweigungspunkt. Wir erhalten

$V = \{0,2\}$.

Beispiel 3.15:

Wir betrachten das zweidimensionale System von Gleichungen:

$$\begin{pmatrix} u \\ v \end{pmatrix} = \lambda \begin{pmatrix} 1 & 0 \\ 0 & 0,5 \end{pmatrix} \cdot \begin{pmatrix} u \\ v \end{pmatrix} + 0,5 \cdot \begin{pmatrix} 0 & -1 \\ 1 & 0 \end{pmatrix} \cdot \begin{pmatrix} u \\ v \end{pmatrix}$$

Hierfür erhalten wir $L := \begin{pmatrix} 1 & 0 \\ 0 & 0,5 \end{pmatrix}$ und aus $u = \lambda u$, $v = 0,5\lambda v$ $C_L = \{1,2\}$.

Aus dem Gleichungssystem ergibt sich

$u = \lambda u - 0,5v$ und $v = 0,5\lambda v + 0,5u \Rightarrow v = \frac{0,5u}{1 - 0,5\lambda}$, und nach Einsetzen in die erste Gleichung $u = \frac{-0,25u}{(1-\lambda)(1-0,5\lambda)}$, $\Rightarrow$

$\Rightarrow \lambda^2 - 3\lambda + 2,5 = 0 \Rightarrow \lambda_{1,2} = 1,5 \pm \sqrt{(2,25 - 2,5)} = 1,5 \pm i\sqrt{0,25}$.

Das Gleichungssystem hat also keine reellen, nichttrivialen Lösungen, d. h. $V = \varnothing$.

Wir wählen

$$N(\lambda,u):=N(\lambda,(u,v))=\left\{\left[\begin{pmatrix} w \\ z \end{pmatrix}\right| \begin{pmatrix} w \\ z \end{pmatrix}=s\cdot\begin{pmatrix} 0 & -0{,}5 \\ 0{,}5 & 0 \end{pmatrix}\cdot\begin{pmatrix} u \\ v \end{pmatrix}, s\in[0,1]\right]\right\}$$

$\Rightarrow \lambda^2 - 3\lambda + 2 + 0{,}5s^2 = 0 \Rightarrow \lambda_{1,2} = 1{,}5 \pm \sqrt{(0{,}25 - 0{,}5s^2)} \Rightarrow$ $C = [1,2]$. Obgleich CL also einfache charakteristische Werte von L enthält, ist V leer.

Bemerkung 3.16:

In § 1 wurde die Arbeit von Berestycki über eine nichtlineare Sturm-Liouville-Aufgabe [1] erwähnt, die durch Gleichungen der Form

$$\mathcal{L}u = \lambda au + f(x,u\cdot|u|^{\epsilon},u',\lambda) + g(x,u,u',\lambda), \quad x \in (0,\pi)$$

approximiert werden kann. Für $\epsilon > 0$ ist die Linearisierung von $\mathcal{L}u$ bei $u = 0$ $\mathcal{L}u = \lambda au$, so daß hierfür der am Anfang in § 1 erwähnte Verzweigungssatz von RABINOWITZ anwendbar ist [18].

Diese Methode arbeitet nur dann ausgezeichnet, wenn a priori bekannt ist, daß die Verzweigungskontinua unbeschränkt sind und nicht kollabieren für $\epsilon \to 0$. Deshalb scheint diese Approximationsmethode für eine allgemeinere Verzweigungstheorie ohne Differenzierbarkeit nicht geeignet, was uns das vorherige Beispiel in nachfolgender Form deutlich macht.

Dazu wählen wir die Familie von Gleichungen

$$\begin{pmatrix} u \\ v \end{pmatrix} = \lambda \cdot \begin{pmatrix} 1 & 0 \\ 0 & 0{,}5 \end{pmatrix} \cdot \begin{pmatrix} u \\ v \end{pmatrix} + 0{,}5(u^2 + v^2)^{\epsilon/2} \begin{pmatrix} 0 & -1 \\ 1 & 0 \end{pmatrix} \cdot \begin{pmatrix} u \\ v \end{pmatrix}, \quad \epsilon \in (0,1],$$

um unser obiges Gleichungssystem in Beispiel 3.15 im Sinne von Berestycki zu approximieren.

Für $\epsilon > 0$ wird der letzte Term $o((u^2 + v^2)^{1/2})$ für $u, v \to 0$, so daß Rabinowitzs Verzweigungssatz anwendbar wird.
Aus der Familie der Gleichungen erhalten wir

$$u(1 - \lambda)(2 - \lambda) = -0{,}5u(u^2 + v^2)^{\epsilon} \Leftrightarrow (\lambda - 3/2)^2 + 0{,}5(u^2 + v^2)^{\epsilon} = 1/4 \Rightarrow$$

$$\Rightarrow \text{Für } \epsilon \to 0: (\lambda - 3/2)^2 = -1/4 \Rightarrow \lambda = 3/2 + 0{,}5i.$$

Also kollabieren die nichttrivialen Lösungszweige.

§ 4 Ausschluß einer Alternativaussage des Verzweigungssatzes

§ 4 Ausschluß einer Alternativaussage des Verzweigungssatzes

Bei der Anwendung unseres Verzweigungssatzes aus § 3 ist es häufig entscheidend, welche der Alternativaussagen nun Gültigkeit besitzt. Deshalb wollen wir im folgenden einen Satz angeben, der uns die Möglichkeit gibt, unter bestimmten Voraussetzungen die zweite Alternativaussage des Verzweigungssatzes 3.12 auszuschließen. Wir bekommen dann die Information, daß die Verzweigungskontinua unbeschränkt sind.

Zuerst benötigen wir das folgende Lemma.

Lemma 4.1:

Wir setzen voraus: a) $\exists\, \mathcal{O} \subset B$, offen; $\mathcal{O} \neq \emptyset$, $t\mathcal{O} \subset \mathcal{O}$ für $t > 0$

b) Die Operatorgleichung (3.1) besitzt keine nichttrivialen Lösungen (λ,u) mit $u \in \partial\mathcal{O}$

c) Seien $a, b \in \mathbb{R}\setminus C$, $[a,b] \cap C \neq \emptyset$

d) $\forall\ (\lambda,u)$, nichttriviale Lösung von (3.1), für die $\lambda \in (a,b) \cap C$ gilt, sei $u \in \mathcal{O}$. $\Rightarrow$

$\Rightarrow \exists\ \epsilon_0 > 0$: Wenn (3.1) eine Lösung $(\lambda,u) \in [a,b] \times (B_{\epsilon_0}\setminus\{0\})$ besitzt $\Rightarrow u \in \mathcal{O}$.

Beweis:

Wir nehmen die gegenteilige Aussage an und konstruieren einen Widerspruch:

1. $\forall\ \epsilon_0 > 0$: Wenn $(\lambda,u) \in [a,b] \times (B_{\epsilon_0}\setminus\{0\})$ Lösung von (3.1) ist,

dann gilt $u \notin \mathcal{O} \Rightarrow \exists$ Folge $\{(\lambda_k,u_k)\}$, (λ_k,u_k) sind Lösungen von (3.1) $\lambda_k \in [a,b]$, $u_k \neq 0$ und $u_k \notin \mathcal{O}$, $u_k \to 0$.

2. Wir definieren jetzt $x_k := \dfrac{u_k}{\|u_k\|}$.

Wie im Beweis von Lemma 3.1 2., 3. erzielen wir jetzt Konvergenz in der Form

$$x = \lambda Lx + y$$

mit $\|x\| = 1$ und $\lambda \in (a,b) \cap C$ nach c) der Voraussetzungen. Nach b) und d) der Voraussetzungen folgt $x \in \mathcal{O}$ und für ausreichend großes k für $x_k = u_k/\|u_k\|$ gilt $u_k/\|u_k\| \in \mathcal{O}$. Mit a) der Voraussetzungen folgt dann aber $u_k \in \mathcal{O}$ für diese k. Dieses ist ein Widerspruch zu 1..

q. e. d.

Satz 4.2:

Es seien a, b und $\mathcal{O}$ wie in Lemma 4.1 gewählt. $\exists\ \mathbb{P} \subset B$, offen; $\mathbb{P} \neq \emptyset$, $t\mathbb{P} \subset \mathbb{P}$ für $t > 0$; $0 \notin \mathbb{P}$, $\mathcal{O} \cap \mathbb{P} = \emptyset$ und wenn $u = F(\lambda,u)$, $u \neq 0 \Rightarrow u \notin \partial\mathbb{P}$, aber $u \in \mathcal{O} \cup \mathbb{P}$. Zusätzlich, wenn $u \in \lambda Lu + N(\lambda,x)$ eine nichttriviale Lösung (λ,u), $u \neq 0$ besitzt, mit $\lambda \in (\mathbb{R}\setminus[a,b]) \cap C$, dann soll gelten: $u \in \mathbb{P}$.

$\Rightarrow$ Wenn $V \cap [a,b] \neq \emptyset$, und k ist Kontinuum aus K, dann gilt: $k \subset (\mathbb{R} \times \mathcal{O}) \cup ([a,b] \times \{0\})$.

<u>Beweis:</u>

1. OΞ $0 \notin \mathcal{O}$. Wir definieren die Mengen

$A := k \cap \{(\mathbb{R} \times \mathcal{O}) \cup [a,b] \times \{0\}\}$ und
$B := k \cap \{(\mathbb{R} \times \mathbb{P}) \cup (\mathbb{R}\backslash[a,b]) \times \{0\}\}$.

2. Behauptung: $A \cup B = k$ und nach den Voraussetzungen $A \cap B = \varnothing$.

Beweis: $A \cup B = k \cap \{(\mathbb{R} \times \mathcal{O}) \cup (\mathbb{R} \times \mathbb{P}) \cup \mathbb{R} \times \{0\}\}$. Für $(\lambda,u) \in k$ gilt nach unseren Voraussetzungen entweder $u = 0$ oder $u \in \mathcal{O}$ oder $u \in \mathbb{P}$ $\Rightarrow A \cup B = k$.

3. Behauptung: A ist abgeschlossen bezüglich der Spurtopologie τ_k.

Beweis: Wenn $(\mathcal{B},\tau)$ topologischer Raum ist, dann erhalten wir für $k \subset \mathcal{B}$ durch $\tau_k = \{M \cap k \mid M \in \tau\}$ die auf k definierte Spurtopologie, auch Relativtopologie genannt, wodurch (k,τ_k) dann zum topologischen Unterraum wird. Nun ist A genau dann in k abgeschlossen, wenn jeder Häufungspunkt von A in A liegt. $\mathcal{B}$ ist Banachraum, deshalb wählen wir eine Folge $\{(\lambda_k,u_k)\} \subset A$, $k = 1, 2, \ldots$ mit $(\lambda_k,u_k) \to (\lambda,u) \in k$ und zeigen, daß $(\lambda,u) \in A$ gilt:

Nach Wahl der Folge gilt $u \in \overline{\mathcal{O}}$. $\Rightarrow$ Entweder $u \in \mathcal{O}$ (wenn $u \neq 0$)

wie unter 2., und dann gilt $(\lambda,u) \in A$ oder $u \in \partial\mathcal{O} \Rightarrow u = 0$; nach Voraussetzung von Lemma 4.1 . Im ersten Fall ist A abgeschlossen, und wir sind fertig, für den zweiten Fall nehmen wir an: $u \in \partial\mathcal{O}$, $u = 0$, $\lambda \in \mathbb{R}\backslash[a,b]$ $\Rightarrow$ für große k: λ_k kann nicht zu $[a,b]$ gehören, da $[a,b]$ alle seine Häufungspunkte enthält, und dann müßte auch $\lambda \in [a,b]$ sein. Also $\lambda_k \in \mathbb{R}\backslash[a,b]$. Deshalb gilt auch für große k: $u_k \in \mathcal{O}$ nach Definition von A. Also ist $(\lambda,0)$ Verzweigungspunkt mit $\lambda \in \mathbb{R}\backslash[a,b]$.

Wenden wir nun Lemma 4.1 auf $\mathbb{P}$ an, was möglich ist, da $\mathbb{P}$ die Voraussetzungen des Lemmas erfüllt, so ergibt sich $u_k \in \mathbb{P}$, für große k. Da aber nach Voraussetzung dieses Satzes $\mathcal{O} \cap \mathbb{P} = \emptyset$, bedeutet $u_k \in \mathbb{P}$ einen Widerspruch zur obigen Folgerung $u_k \in \mathcal{O}$. Damit kann für $u \in \partial\mathcal{O}$, $u = 0$ nur $\lambda \in [a,b]$ gelten, womit auch für diese $u = 0$ $(\lambda,u) = (\lambda,0) \in A$ gezeigt wurde.

4. Behauptung: B ist abgeschlossen.
Beweis:
i) Der erste Teil verläuft analog dem ersten Teil im Beweis der Abgeschlossenheit von A, d. h. wir wählen eine Folge $\{(\lambda_k,u_k)\} \subset B$,

$k = 1, 2, \ldots, (\lambda_k,u_k) \to (\lambda,u) \in k \Rightarrow u \in \overline{\mathbb{P}}$. $\Rightarrow$ Entweder $u \in \mathbb{P}$ und $(\lambda,u) \in B$ oder $u \in \partial\mathbb{P}$ und $u = 0$ nach Voraussetzung dieses Satzes. Hierfür machen wir die Annahme:

ii) $u \in \partial\mathbb{P}$, $u = 0$, $\lambda \notin \mathbb{R}\backslash[a,b]$:

Gilt $\lambda \in (a,b) \Rightarrow \lambda_k \in (a,b)$ für große k; denn λ könnte sonst nicht aus (a, b) und gleichzeitig Grenzwert der Folge $\{\lambda_k\}$ sein. Nach Definition von B sind dann die $u_k \in \mathbb{P}$. Da $\mathcal{O} \cap \mathbb{P} = \emptyset$, ergibt Lemma 4.1 mit der Aussage $u_k \in \mathcal{O}$ einen Widerspruch. Deshalb kann nicht $\lambda \in (a,b)$ gelten, sondern nur $\lambda \in \{a,b\}$.

iii) Ist aber $\lambda = a$, so kann (a,0) nach Voraussetzung c) von Lemma 4.1 kein Verzweigungspunkt sein, (denn $a \notin C$, nach Lemma 3.1 gilt jedoch $V \subset C$) also müssen für große k die $u_k = 0$ sein. Nun liefert aber $(\lambda_k,u_k) = (\lambda_k,0) \in k$ und $\lambda_k \to a$ einen Widerspruch zur Wahl der Folge $(\lambda_k,u_k) \in B$, da nach den Voraussetzungen $0 \notin \mathbb{P}$. Für $\lambda = b$ gilt dasselbe, damit war die Annahme falsch, und wir erhalten $u \in \partial\mathbb{P}$, $u = 0, \lambda \in \mathbb{R}\backslash[a,b]$, womit B abgeschlossen ist.

5. Durch $V \cap [a,b] \neq \emptyset$ ist gewährleistet, daß (3.1) nichttriviale Lösungen besitzt, weshalb nach Lemma 4.1 $A \neq \emptyset$.
k ist zusammenhängend und da $A \cup B = k$, $A \cap B = \emptyset$, A und B abgeschlossen sind, gilt $B = \emptyset$,
damit wird $k \subset (\mathbb{R} \times \mathcal{O}) \cup ([a,b] \times \{0\})$.

q. e. d.

<u>Bemerkung 4.3:</u>

Mit Satz 4.2, in Zusammenhang mit dem Verzweigungssatz 3.12, lassen sich gut Verzweigungsuntersuchungen an nichtlinearen Randwertaufgaben durchführen. Wenn wir also für solche Probleme die offenen, disjunkten Mengen $\mathcal{O}$, $\mathbb{P}$ finden können, so entfällt die Alternativaussage, daß Verzweigungskontinua „überlappen".

Wir werden im nächsten Paragraphen die Konstruktion dieser Mengen am Beispiel der nichtlinearen Sturm-Liouville-Randwertaufgabe verfolgen.

§ 5 Die Anwendung der Verzweigungsaussagen bei der Betrachtung der Sturm-Liouville-R.W.A.

§ 5 Die Anwendung der Verzweigungsaussagen bei der Betrachtung der Sturm-Liouville-R.W.A.

1. Vorbemerkung

Bei der Betrachtung von nichtlinearen E.W.An. ist oftmals entscheidend, ob eine Linearisierung um Null möglich ist, d. h. ob die Frechét-Ableitung existiert. In dieser Hinsicht hat RABINOWITZ [18—20] klassische Ergebnisse für lineare, gewöhnliche Sturm-Liouville-Differentialgleichungen 2. Ordnung in vielfältiger Weise geliefert und dabei insbesondere einen globalen Verzweigungssatz. Ein Existenzsatz für positive Lösungen von quasi-linearen, elliptischen Differentialgleichungen wurde von RABINOWITZ [18] zusätzlich von dem Verzweigungssatz abgeleitet.

Ohne Linearisierung, jedoch in Bezug zu einer linearisierten Gleichung, betrachtet nun BERESTYCKI [1] eine nichtlineare Sturm-Liouville-R.W.A. für gewöhnliche Differentialgleichungen 2. Ordnung und auch eine Klasse von quasi-linearen, elliptischen, partiellen Differentialgleichungen. Dabei wurde

$$\mathcal{L}u = \lambda a u + F(x,u,u',\lambda)$$

mit den separierten Randbedingungen auf $[0,\pi]$, wobei $\mathcal{L}u = \lambda a u$ die klassische, lineare Sturm-Liouville-Gleichung darstellt, mit dem Sturm-Liouville-Differentialoperator $\mathcal{L}$, durch die Familie der Gleichungen

$$\mathcal{L}u = \lambda a u + f(x,u\cdot|u|^{\epsilon},u',\lambda) + g(x,u,u',\lambda), \quad 0 \leq \epsilon \leq 1$$

approximiert. Der nichtlineare Term $F = f + g$ muß stetig sein und folgende Bedingungen erfüllen: $|g| = o(|u| + |u'|)$ und $|f(x,u,u',\lambda)| \leq M\,|u|$ in einer Umgebung von $u = u' = 0$ gleichmäßig in x und in λ. Für $\epsilon > 0$ ist also der Verzweigungssatz von RABINOWITZ [18] anwendbar.

K. Schmitt - H. L. Smith haben diese nichtlineare Sturm-Liouville-Aufgabe aufgegriffen, wobei nicht vorausgesetzt wurde, daß die nichtlineare Abbildung F differenzierbar ist. – Denn gerade dabei scheint die Approximationsmethode von Berestycki nicht anwendbar, wofür ein Beispiel 3.16 angegeben wurde.

2. Beschreibung der nichtlinearen R.W.A.

Mit $\mathcal{L}$ bezeichnen wir den Sturm-Liouville-Differentialoperator

$$\mathcal{L}u = -(pu')' + qu = \mathcal{F}(t,u,u',\lambda),\ 0 < t < \pi, \tag{5.1}$$

wobei $p \in C^1[0,\pi]$ und $q \in C[0,\pi]$; p ist eine positive Funktion. Zusätzlich sollen die separierten Randbedingungen (S.R.Bn.) erfüllt sein:

$$a_0\, u(0) + b_0\, u'(0) = 0 \qquad \text{(S.R.Bn.)}$$
$$a_1\, u(\pi) + b_1\, u'(\pi) = 0,$$

mit den reellen Koeffizienten a_i, b_i, $i = 1, 2$, wobei

$$(a_0^2 + b_0^2)(a_1^2 + b_1^2) > 0.$$

Für positive Funktionen $a \in C[0,\pi]$ betrachten wir die R.W.A.

$$\mathcal{L}u = \lambda au + H(t,u,u',\lambda) \text{ für } t \in (0,\pi), \tag{5.2}$$

in Verbindung mit den (S.R.Bn.).

Wir fügen noch hinzu, daß $\mathcal{F}$ stetig sein soll in den Argumenten auf $[0,\pi] \times \mathbb{R}^3$.

Für die weiteren Betrachtungen werden die Bedingungen zusammengefaßt:

<u>Bedingung für H:</u> (5.3)

1) $H = f + g$;
2) f, g sind stetige Funktionen auf $[0,\pi] \times \mathbb{R}^3$;
3) $|f(t,u,v,\lambda)| \leq M|u| + N|v|$ $\forall$ $u, v \in \mathbb{R}$: $|u| + |v| \leq \delta$;
   $\forall$ $\lambda \in \mathbb{R}$; $\forall$ $t \in [0,\pi]$, M, N positive Konstanten;
4) $|g(t,u,v,\lambda)| = o(|u| + |v|)$ gleichmäßig in $t \in [0,\pi]$ und λ aus kompakten Mengen.

Im Gegensatz hierzu betrachtet BERESTYCKI [1] diese R.W.A. mit der veränderten Bedingung 3)

$$\left| \frac{f(t,u,v,\lambda)}{u} \right| \leq M \quad \forall\ u, v \in \mathbb{R}:\ 0 < u \leq 1, \quad |v| \leq 1;\ \forall\ t \in [0,\pi].$$

Bei entsprechender Wahl von δ und $N := 0$ stimmen unsere Voraussetzungen also mit denen von Berestycki überein.

Für H = 0 erhalten wir aus unserer R.W.A. die lineare Sturm-Liouville-Aufgabe

$$\mathcal{L}u = \lambda a u \quad 0 < t < \pi, \; u \in (\text{S.R.Bn.}). \tag{5.4}$$

Ein klassisches Ergebnis von Sturm über die Eigenwerte dieser Sturm-Liouville-Eigenwertaufgabe ist der Sturmsche Oszillationssatz, dessen Beweis hier nicht gebracht werden soll und etwa in CODDINGTON und LEVINSON [5] nachvollzogen werden kann, dessen Aussage wir aber später benötigen:

5.1 Sturmscher Oszillationssatz:

Die Eigenwertaufgabe (5.4) besitzt eine aufsteigende Folge $\{\lambda_n\}$, $\lambda_1 < \lambda_2 < \lambda_3 < \ldots$ von einfachen Eigenwerten mit $\lim\limits_{n \to \infty} \lambda_n = +\infty$.

Die zugehörigen Eigenfunktionen v_n haben genau $n-1$ Nullstellen t_0 in $(0,\pi)$ mit der Eigenschaft $v_n(t_0) = 0, v_n'(t_0) = 0$ für $t_0 \in [0,\pi]$. Außerdem gilt noch: Da die Eigenwertaufgabe selbstadjungiert ist, sind alle Eigenwerte λ_n reell, die entsprechenden Eigenfunktionen orthogonal.

Für die weiteren Betrachtungen definieren wir den Banachraum $B := C^1[0,\pi] \cap (\text{S.R.Bn.})$, $u(t) \in B$, versehen mit der Norm

$$\|u\|_1 = \max_{t \in [0,\pi]} |u(t)| + \max_{t \in [0,\pi]} |u'(t)|$$

und $\mathcal{B} := \mathbb{R} \times B$, versehen mit der Produkttopologie.

Wenn $H = o((u^2 + (u')^2)^{1/2})$ für $(u,u') \to 0$, $H \not\equiv 0$, aber klein ist, dann ist die Struktur der Lösungsmenge unserer R.W.A. nahe den trivialen Lösungen bekannt [19]. Für $H \equiv 0$ besteht die Lösungsmenge aus Teilen der trivialen Lösungen $(\lambda,0)$.

Wir wollen jetzt eine Lösung der R.W.A. (5.1), (5.2) mit (S.R.Bn.) finden. Dazu setzen wir voraus, daß $\lambda = 0$ kein Eigenwert der Eigenwertaufgabe (5.4) ist, d. h. die Gleichung $\mathcal{L}u = 0$ besitzt keine andere Lösung als die Nullösung.

Man kann die folgenden Betrachtungen allerdings auch für jedes λ durchführen, welches kein Eigenwert ist, jedoch werden dann die Definitionen etwas umständlicher.
Darüber hinaus können wir ohne Einschränkung die Forderung, $\lambda = 0$ ist kein Eigenwert, aufstellen, da sonst eine Konstante c in $-(p(t)u')' + q(t)u = (\lambda + c)a(t)u$ mit (S.R.Bn.) zu wählen ist, so daß die Eigenfunktionen die gleichen bleiben und alle Eigenwerte die Addition $+c$ erfahren. Also kann man dann c so wählen, daß 0 kein Eigenwert ist.

Für unsere spätere Anwendung der Verzweigungssätze benötigen wir kompakte Abbildungen, die man dadurch erhält, indem man die Lösung $u(t)$ der R.W.A. (5.1), (5.2) mit (S.R.Bn.) in Form von kompakten Integraloperatoren angibt, wozu die Greensche Funktion benötigt wird [5].

Im allgemeinen Fall hat der Operator $\mathcal{L}$ die Form

$$\mathcal{L}u = \sum_{i=0}^{n} p_i(t)u^{(n-i)}(t). \quad \Rightarrow \quad \text{Für unsere Aufgabe ist } n = 2.$$

Man erhält, wie bei CODDINGTON und LEVINSON [5], für die

R.W.A. (5.2) die Integralgleichung

$$u(t) = \lambda \cdot \int_0^{\pi} G(t,s)a(s)u(s)ds + \int_0^{\pi} G(t,s)H(s,u(s),u'(s),\lambda)ds. \qquad (5.5)$$

Damit haben wir für stetige Funktionen H(s), a(s) auf $[0,\pi]$ die Klasse der auf $[0,\pi]$ stetigen Funktionen u(s) mit stetigen Ableitungen bis zur Ordnung 2, die zusätzlich die (S.R.Bn.) erfüllen, übergeführt in die Klasse der stetigen Lösungen u(t) der Integralgleichung (5.5), wobei die Integraloperatoren kompakt sind, wie wir später noch sehen werden.

Für unser Problem hat die Wronskideterminante [5] (n = 2) die Gestalt

$$W(u(t,\lambda),v(t,\lambda)) = \begin{vmatrix} u(t,\lambda) & v(t,\lambda) \\ u'(t,\lambda) & v'(t,\lambda) \end{vmatrix}, \qquad (5.6)$$

wobei u, v linear unabhängige Lösungen der homogenen Gleichung $\mathcal{L}u = \lambda au$ mit speziellen Anfangsbedingungen sind, dann ist u keine Eigenfunktion der Eigenwertaufgabe und die Wronskideterminante ungleich Null; denn wäre $u = cv$ linear abhängig, dann würde, bei entsprechender Wahl von v, u die gesamten Randbedingungen erfüllen und somit eine Eigenfunktion sein.

3. Bestimmung der mengenwertigen Abbildungen

Es sollen nun für $u(t)$ in der Darstellung (5.5) der Operator L und die Abbildungen n, N definiert werden, um die Bedingung 1) der Voraussetzungen (3.2) $F(\lambda,u) \in \lambda Lu + N(\lambda,u) + n(\lambda,u)$ zu erfüllen und dann die Verzweigungssätze anwenden zu können.

Dazu definieren wir den Operator $L: B \to B$ durch

$$(Lu)(t) := \int_0^\pi G(t,s)a(s)u(s)ds, \tag{5.7}$$

die Abbildung $n: \mathcal{B} \to B$ durch

$$n(\lambda,u)(t) := \int_0^\pi G(t,s)g(s,u(s),u'(s),\lambda)ds \tag{5.8}$$

und mit $\alpha_0 := \min\limits_{s \in [0,\pi]} a(s)$,

$$N(\lambda,u) := \{v \in B \mid v = L \cdot l, \text{ wobei } l \text{ eine meßbare Funktion auf } [0,\pi] \text{ ist, die } \alpha_0 \cdot |l(s)| \leq M\,|u(s)| + \mathcal{N}\,|u'(s)|, \ 0 \leq s \leq \pi \text{ erfüllt}\}. \tag{5.9}$$

Lemma 5.2: Eigenschaften von $n(\lambda,u)$:

$n(\lambda,u) = o(\|u\|)$ gleichmäßig auf kompakten λ-Mengen.

Beweis:

Mit $\alpha := \sup\limits_{t,s \in [0,\pi]} |G(t,s)|$ erhalten wir

$$n(\lambda,u) \leq \alpha \cdot \max_{s \in [0,\pi]} |g(s,u(s),u'(s),\lambda)| \cdot \pi \leq \alpha \cdot \pi \cdot o(\|u\|),$$ wegen

der Bedingung 4) von (5.3). $\Rightarrow$ $n(\lambda,u) = o(\|u\|)$. q. e. d.

<u>Lemma 5.3</u>: <u>Eigenschaften von Operator L</u>

Der Operator L: B → B (5.7) hat folgende Eigenschaften:

1) L ist linear,
2) L ist kompakt.

<u>Beweis</u>:

1) ist trivialerweise erfüllt, denn L ist additiv und homogen. Der Beweis der Kompaktheit von L erfolgt mit Hilfe der gleichgradigen Stetigkeit der Menge $\{Lu \mid u \in B_0, B_0 \text{ beschränkt}, B_0 \subset B\}$ und der Beschränktheit in B mit Hilfe des Satzes von Arzelá-Ascoli, wie beispielsweise in J. WLOKA [31].

q. e. d.

<u>Bemerkung 5.4</u>:

Als linearer, kompakter Operator ist L trivialerweise vollstetig.

<u>Bemerkung 5.5:</u>

Die lineare Eigenwertaufgabe besitzt die Eigenwerte λ_n (Sturmscher Oszillationssatz 5.1), so daß aus (5.5) folgt:
Die Eigenwerte sind die charakteristischen Werte von L.

Lemma 5.6:

$\forall$ $(\lambda,u) \in \mathcal{B}$ gilt:

1) $N(\lambda,u)$ ist sternförmig um Null.
2) $N(\lambda,u)$ ist beschränkt.
3) Die Abbildung $(\lambda,u) \mapsto N(\lambda,u)$ ist positiv homogen in u.
4) $N(\lambda,u)$ ist abgeschlossen.
5) Die Abbildung $(\lambda,u) \mapsto N(\lambda,u)$ ist vollstetig.

Beweis:

1. Sei $v_1 \in N(\lambda,u)$ beliebig, aber fest. (5.9) $\Rightarrow$ $v_1 = L \cdot l_1 \in B$, l_1 meßbar, $\alpha_0 \cdot |l_1| \leq M \cdot |u| + \mathcal{N} \cdot |u'|$.
   Setzt man $v := t\, v_1$, $t \in [0,1] \Rightarrow v = t \cdot L \cdot l_1 = L(t \cdot l_1)$. Da l_1 meßbar ist, gilt dieses auch für $t \cdot l_1$. $\alpha_0 \cdot |t \cdot l_1| \leq \alpha_0 \cdot |l_1| \Rightarrow v \in N(\lambda,u)$.

2. $\forall$ $(\lambda,u) \in \mathcal{B}$ gilt nach (5.9): $\exists$ $v \in N(\lambda,u)$: l meßbar, $L \cdot l = v$. L ist nach Lemma 5.3 kompakt, bildet also beschränkte Mengen in relativ kompakte, also erst recht beschränkte Mengen ab.

3. Wähle $\eta > 0$ beliebig, aber fest. (5.9) $\Rightarrow$ $\forall$ $(\lambda,u) \in \mathcal{B}$ gilt: $\eta \cdot N(\lambda,u) = \{\eta \cdot v \in B \mid \eta \cdot v = \eta \cdot L \cdot l = L(\eta \cdot l)$, $\alpha_0 \cdot |\eta \cdot l(s)| \leq \eta \cdot (M \cdot |u(s)| + \mathcal{N} \cdot |u'(s)|)\}$. Mit $u_1(s) := \eta \cdot u(s)$ folgt: $N(\lambda,u_1) = \{v \in B \mid v = L \cdot l_1, \alpha_0 \cdot |l_1(s)| \leq M \cdot |u_1(s)| + \mathcal{N} \cdot |u'_1(s)| = \eta \cdot (M \cdot |u(s)| + \mathcal{N} \cdot |u'(s)|)\} \Rightarrow \eta \cdot N(\lambda,u) \subset$
   $\subset N(\lambda,\eta \cdot u)$.

4. Wir zeigen zunächst, daß die Abbildung $(\lambda,u) \mapsto N(\lambda,u)$ oberhalbstetig ist. Hieraus folgt dann die Abgeschlossenheit von $N(\lambda,u)$ mit Lemma 9.4.3 in G. EISENACK / C. FENSKE [9], siehe auch § 2.

Für $(\lambda,u) \in \mathcal{B}$ wählen wir eine konvergente Folge $(\lambda_k,u_k) \to (\lambda,u)$, $v_k \in N(\lambda_k,u_k)$ mit $v_k \to v$. Wir zeigen $v \in N(\lambda,u)$, womit wir fertig sind:

Nach Definition von $N(\lambda_k,u_k)$ (5.9) gilt $v_k = L \cdot l_k$,
$\alpha_0 \cdot |l_k(s)| \leq M\, |u_k(s)| + N\, |u'_k(s)|$.

a) Da die l_k meßbar und beschränkt sind, fassen wir $\{l_k\}$ als beschränkte Folge in $L_2[0,\pi]$ auf. Mit dem Skalarprodukt

$$(u,v) = \int_0^\pi u(t)v(t)dt, \quad u, v \in L_2[0,\pi] \text{ ist } L_2[0,\pi] \text{ ein}$$

Hilbertraum mit der induzierten Norm $\|u\|_2 = \sqrt{(u,u)}$, der reflexiv ist. $\Rightarrow$

b) Die beschränke Folge $\{l_k\}$ enthält eine gegen $l \in L_2[0,\pi]$ schwach konvergente Teilfolge [Theorem 10.6, 25], welche wir wie die ursprüngliche bezeichnen.
Nach Wahl unserer Folge gilt nun f. ü.
$\alpha_0 \cdot |l(s)| \leq M\, |u(s)| + N\, |u'(s)|$. Für festes t haben wir

$$\lim_{k\to\infty} v_k(t) = v(t) = \lim_{k\to\infty} \int_0^\pi G(t,s)a(s)l_k(s)ds = \int_0^\pi G(t,s)a(s)l(s)ds,$$

also $v = L \cdot l$, $v \in N(\lambda,u)$.

5. Zur Vollstetigkeit muß noch die Kompaktheit von N gezeigt

werden, d. h. daß $\bigcup_{(\lambda, u) \in \mathcal{B}_0} N(\lambda,u)$ relativ kompakt ist $\forall\ \mathcal{B}_0 \subset \mathcal{B}$, $\mathcal{B}_0$ beschränkt:

Wir wählen eine Folge $\{v_k\}$, $k = 1, 2, \ldots$ aus $\bigcup_{(\lambda,u) \in \mathcal{B}_0} N(\lambda,u)$.

a) Jetzt gilt wieder: $v_k = L \cdot l_k$, l_k meßbar, $\alpha_0 \cdot |l_k(s)| \leq$
$\leq M|u_k(s)| + N|u'_k(s)|. \Rightarrow \|v_k\| = \|L \cdot l_k\| \leq \|L\| \cdot \|l_k\| \leq$
$\leq \|L\| \cdot \delta < \epsilon$, denn L ist kompakt. Also ist $\{v_k\}$ gleichmäßig beschränkt.

b) Ferner ist $\|v'_k\| = \|\int_0^\pi G_t(t,s)a(s)l_k(s)ds\| \leq$

$\leq \sup_{[0,\pi]}|G_t(t,s)| \cdot \alpha_0 \cdot \delta < \epsilon. \Rightarrow$ Auch die $\{v'_k\}$ ist gleichmäßig beschränkt. Aus $v'_k(t) = \int_0^\pi G_t(t,s)a(s)l_k(s)ds$ folgt ebenfalls,

daß $\{v'_k\}$ gleichgradig stetig ist. Mit dem Mittelwertsatz folgt, daß $\{v_k\}$ gleichgradig stetig ist, so daß sich nach dem Satz von Arzelà-Ascoli [31] ergibt, daß $\{v_k\}$ relativ kompakt in B für $\mathcal{B}_0 \subset \mathcal{B}$, $\mathcal{B}_0$ beschränkt.
Somit ist N vollstetig.

q. e. d.

Wir bezeichnen jetzt die rechte Seite von (5.5) mit $F(\lambda,u)$, womit $F: \mathcal{B} \to B$ nach Lemma 5.2, 5.3, 5.6 und Bemerkung 5.4 die Voraussetzungen (3.2) der Operatorgleichung (3.1)

$$u = F(\lambda,u) \in \lambda Lu + N(\lambda,u) + n(\lambda,u)$$

für $\|u\| \leq \delta$ nach 3) von (5.3) erfüllt.

4. Bestimmung der Menge C

Um die Menge C aus § 3 1. bestimmen zu können, wird I_n als abgeschlossenes Intervall mit dem n-ten Eigenwert λ_n des Sturm-Liouville-Differentialoperators $\mathcal{L}$ (5.1) definiert.

Definition 5.7:

$I_n := [\lambda_n - \alpha, \lambda_n + \alpha]$ mit $\alpha := M/\alpha_0$, λ_n n-ter Eigenwert von $\mathcal{L}u = \lambda au$. Damit erhalten wir folgendes Lemma.

Lemma 5.8:

a) $\bigcup_{n=1}^{\infty} I_n \subset C$;

b) $\mathcal{N} = 0 \Rightarrow C = \bigcup_{n=1}^{\infty} I_n$.

Beweis:

Wir setzen $\lambda := \lambda_n + t \cdot \alpha$ mit $t \in [-1,1]$. Bemerkung 5.5 $\Rightarrow$
$\Rightarrow$ $u_n = (\lambda - t \cdot \alpha)Lu_n = \lambda Lu_n + L(-t \cdot \alpha u_n)$,
wobei u_n die Eigenfunktion zum Eigenwert λ_n ist. Ferner gilt $\alpha_0 \cdot |-t \cdot \alpha \cdot u_n(s)| \leq M\,|u_n(s)| + \mathcal{N}\,|u'_n(s)|$.

$-t\cdot\alpha\cdot u_n$ ist eine meßbare Funktion, so daß

$$u_n \in \lambda L u_n + N(\lambda,u_n). \Rightarrow$$

$\Rightarrow$Für n = 1, 2, ...und $\forall\ \lambda: \lambda = \lambda_n + t\cdot\alpha,\ |t| \leq 1$ ist $\lambda \in C$, d. h.

$\bigcup_{n=1}^{\infty} I_n \subset C$. Jetzt setzen wir $\eta = 0$ voraus. $\Rightarrow$ Für $\lambda \in C$ existiert nach Definition von C eine nichttriviale Lösung u zu λ, nämlich

$$u = \lambda L u + v \text{ mit } v \in N(\lambda,u).$$

Durch beiderseitige Multiplikation der letzten Gleichung mit $a^{1/2}$ erhalten wir mit $\tilde{u} := a^{1/2}u$ und $\dot{v} := a^{1/2}v$ und Lemma 5.6 3)

$$\tilde{u} = \lambda L\tilde{u} + \dot{v} \tag{5.10}$$

mit $\dot{v} \in N(\lambda,\tilde{u})$. Diese letzte Gleichung bringt den Vorteil, einen Operator H einführen zu können, mit dessen Hilfe es uns gelingt, eine Abschätzung für C zu erhalten.
In Gleichung (5.10) ist nun

$$(\lambda L\tilde{u})(t) = (\lambda L a^{1/2}u)(t) = \lambda\int_0^{\pi} a(t)^{1/2}G(t,s)a(s)^{1/2}a(s)^{1/2}u(s)ds =$$

$$= \lambda\int_0^{\pi} a(t)^{1/2}G(t,s)a(s)^{1/2}\tilde{u}(s)ds =: \lambda(H\tilde{u})(t). \tag{5.11}$$

Damit geht Gleichung (5.10) über in

$$\tilde{u} = \lambda H\tilde{u} + \dot{\upsilon}.$$

Wir benötigen nun die Definition des Hilbert-Schmidt-Operators.

Definition 5.9:

1) H_1, H_2 seien Hilberträume,
2) $G: H_1 \rightarrow H_2$ sei ein linearer, beschränkter Operator,
3) $D(G) = H_1$ ist der Definitionsbereich von G,
4) $\exists$ Orthonormalbasis $\{e_j \mid j \in J\}$ von H_1 mit $\sum_{j \in J} \|G \cdot e_j\|^2 < \infty$

$\Leftrightarrow$ G heißt Hilbert-Schmidt-Operator.

Diese Definition und die im folgenden verwendeten Eigenschaften von G sind beispielsweise in J. WEIDMANN [29] zu finden.

Bemerkung 5.10:

Der Operator H aus (5.11) ist ein Hilbert-Schmidt-Operator auf $L_2[0,\pi]$; denn $H_1 = L_2[0,\pi]$ und H ist ein linearer Operator. Aus der Hölderschen Ungleichung für Integrale [31] folgt

$$\int_0^\pi |a(t)^{1/2} \cdot G(t,s) \cdot a(s)^{1/2} \cdot \tilde{u}(s)| ds \leq (\int_0^\pi |a(t)^{1/2} \cdot G(t,s) \cdot a(s)^{1/2}|^2 ds)^{1/2} \cdot$$

$$\cdot (\int_0^\pi |\tilde{u}(s)|^2 ds)^{1/2} = (\int_0^\pi |a(t)^{1/2} \cdot G(t,s) \cdot a(s)^{1/2}|^2 ds)^{1/2} \cdot \|\tilde{u}\|_2 \Rightarrow$$

$$\Rightarrow H\tilde{u} \in L_2[0,\pi].$$

$$\|H\tilde{u}\|_2^2 = \int_0^\pi |H\tilde{u}|^2 dt \le \int_0^\pi\int_0^\pi |a(t)^{1/2}\cdot G(t,s)\cdot a(s)^{1/2}|^2 ds dt \cdot \|\tilde{u}\|_2^2 \quad \Rightarrow$$

$\Rightarrow$ H ist stetig. Weil H stetig und linear ist, gilt

$$\|H\tilde{u}\|_2 \le \|H\|_2 \cdot \|\tilde{u}\|_2 \Rightarrow \|H\|_2^2 \le \int_0^\pi\int_0^\pi |a(t)^{1/2}\cdot G(t,s)\cdot a(s)^{1/2}|^2 ds dt < \infty.$$

Aus der Menge C_L von § 3 erhalten wir durch Ersetzen von L durch H die Menge C_H.

Für $\lambda \notin C_H = \{\lambda_n\}$, n = 1, 2, ... ergibt sich nun

$$\tilde{u} = (I - \lambda H)^{-1} \cdot \dot{u}.$$

Mit $\dot{u} = a^{1/2}\cdot v = a^{1/2}\cdot \int_0^\pi G(t,s)\cdot a(s)\cdot l(s) ds = H(a^{1/2}\cdot l)$ ergibt sich aus der letzten Gleichung mit (5.9)

$$\|\tilde{u}\|_{L_2} = \|(I-\lambda H)^{-1}\cdot H(a^{1/2}\cdot l)\|_{L_2} \le \|(I-\lambda H)^{-1}\cdot H\|_{L_2}\cdot \|a^{1/2}\cdot l\|_{L_2} \le$$
$$\le \|(I-\lambda H)^{-1}\cdot H\|_{L_2}\cdot \|\tilde{u}\|_{L_2}\cdot M/\alpha_0 \quad \Rightarrow$$
$$\Rightarrow 1 \le \|(I-\lambda H)^{-1}\cdot H\|_{L_2}\cdot M/\alpha_0. \qquad (5.12)$$

Bemerkung 5.10 $\Rightarrow$ H ist Hilbert-Schmidt-Operator. $\Rightarrow$

$\Rightarrow$ H ist selbstadjungiert [29]. $\Rightarrow$

$\Rightarrow$ KATO [13] zeigt durch eine elementare Herleitung, daß

$$\|(I-\lambda H)^{-1}\cdot H\|_{L_2} = 1/\text{dist}\{\lambda, C_H\}.$$

Damit folgt aus (5.12): dist $\{\lambda, C_H\} \le M/\alpha_0$, womit $C = \bigcup_{n=1}^{\infty} I_n$ bewiesen ist. q. e. d.

Für $\eta \neq 0$ liefert Lemma 5.8 keine genauen Aussagen über C, so daß wir diesen Fall noch genauer untersuchen müssen.

Lemma 5.11:

a) Es sei $p(t) \equiv 1$ in (5.1) und $a(t) \equiv 1$ in (5.2);

b) $\eta \neq 0, \eta < 1/\pi$ in (5.3) 3). $\Rightarrow$

$$\Rightarrow \exists\, \delta > 0 \text{ und } n_0 \in \mathbb{N}\text{: 1) } C \cap [\delta,\infty) \subset \bigcup_{n \geq n_0} [\lambda_n - a_n, \lambda_n + b_n]$$

2) $[\lambda_n - a_n, \lambda_n + b_n]$ paarweise disjunkt.

Beweis:

1) Wie im Beweis von Lemma 5.8 wählen wir $\lambda \in C \backslash C_L$. Nach Definition von C existiert dann eine nichttriviale Lösung u: $u = \lambda Lu + v$ mit $v \in N(\lambda,u)$.

Der Sturm-Liouville-Differentialoperator (5.1) $\mathcal{L}u$ und (5.2) mit Voraussetzung a) dieses Lemmas ergeben die Differentialgleichung 2. Ordnung

$$\mathcal{L}u = - u'' + qu = \lambda u + H, \quad \text{f. ü.}$$

wobei zusätzlich die Bedingungen (5.3) für H, die Randbedingungen (S.R.Bn.) und die Ungleichung

$$|H(s)| \leq M|u(s)| + \eta|v(s)|$$

gelten sollen.

Wenn $\lambda \neq \lambda_n$, also λ kein Eigenwert von $\mathcal{L}$, dann bekommen wir mit Hilfe der Greenschen Funktion und ihren Eigenschaften die Integralgleichung

$$u(t) = \int_0^{\pi} G(t,s,\lambda)H(s)ds, \tag{5.13}$$

wobei jetzt aber $G(t,s,\lambda)$ die Greensche Funktion ist für die Aufgabe $u'' + (\lambda - q)u = 0$ mit den (S.R.Bn.).

2) Mit der Maximumnorm $\|x\|_\infty = \max\limits_{t \in [0,\pi]} |x(t)|$ ergibt sich aus der Integralgleichung (5.13)

$$\|u\|_\infty = \max_{t \in [0,\pi]} |u(t)| \leq \sup_{s,t \in [0,\pi]} |G(t,s,\lambda)| \cdot \max_{s \in [0,\pi]} |H(s)| \cdot \pi \leq$$

$$\leq \pi \cdot G_0 \cdot \{M\|u\|_\infty + N\|u'\|_\infty\} \tag{5.14}$$

mit $G_0 := \sup\limits_{s,t \in [0,\pi]} |G(t,s,\lambda)|$. Ebenso erhält man für die Ableitung von u die Ungleichungen

$$\|u'\|_\infty = \max_{t \in [0,\pi]} |u'(t)| \leq \int_0^{\pi} |G_t(t,s,\lambda)H(s)|ds \leq \sup_{s,t \in [0,\pi]} |G_t(t,s,\lambda)| \cdot$$

$$\cdot \max_{s \in [0,\pi]} |H(s)| \cdot \pi \leq \pi \cdot G_0' \cdot \{M\|u\|_\infty + N\|u'\|_\infty\} \tag{5.15}$$

mit $G_0' := \sup\limits_{s,\, t \in [0,\pi]} |G_t(t,s,\lambda)|$.

Wir multiplizieren jetzt (5.14) mit M und (5.15) mit N und erhalten aus der Addition der multiplizierten Gleichungen

$$M\|u\|_\infty + N\|u'\|_\infty \le \pi\cdot\{M\cdot G_0 + N G_0'\}\{M\|u\|_\infty + N\|u'\|_\infty\}.$$

Wenn $u \neq 0 \Rightarrow$

$$1 \le \pi\cdot(M\cdot G_0 + N G_0'). \tag{5.16}$$

3) Zur weiteren Eingrenzung dieser Ungleichung benötigen wir Aufschluß über die Größen G_0, G_0'.
Nach Definition ist

$$G(t,s,\lambda) = \frac{1}{W(\psi_1,\psi_2)(s)} \begin{vmatrix} \psi_1(s,\lambda) & \psi_2(s,\lambda) \\ \psi_1(t,\lambda) & \psi_2(t,\lambda) \end{vmatrix} + \sum_{i=1}^{2} c_j(s)\psi_j(t,\lambda)$$

mit der Wronskideterminante W und den Lösungen der Gleichungen

$$\begin{aligned} \psi_1''(t,\lambda) + (\lambda - q)\psi_1(t,\lambda) &= 0 \\ a_0\,\psi_1(0,\lambda) + b_0\psi_1'(0,\lambda) &= 0 \end{aligned} \tag{5.17}$$

$$\begin{aligned} \psi_2''(t,\lambda) + (\lambda - q)\psi_2(t,\lambda) &= 0 \\ a_1\,\psi_2(\pi,\lambda) + b_1\psi_2'(\pi,\lambda) &= 0. \end{aligned} \tag{5.18}$$

Wir wählen $\psi_1(0,\lambda) = b_0$, $\psi_1'(0,\lambda) = -a_0$, $\psi_2(\pi,\lambda) = b_1$, $\psi_2'(\pi,\lambda) = -a_1$.

Damit erfüllen allgemein $c_1(s)\cdot\psi_1(t,\lambda)$ die Gleichung mit der

ersten Randbedingung (5.17) und $c_2(s)\cdot\psi_2(t,\lambda)$ die Gleichung mit der zweiten Randbedingung (5.18); mit noch zu bestimmenden Koeffizienten $c_1(s)$, $c_2(s)$.
Die Existenz- und Eindeutigkeitsaussagen ergeben, daß

$c_1(s)\cdot\psi_1(t,\lambda)$ und $c_2(s)\cdot\psi_2(t,\lambda)$ auf ganz $[0,\pi]$ erklärt und linear unabhängig sind [5].
Wegen der Stetigkeit der Greenschen Funktion an der Stelle t = s folgt nun, daß

$$c_1(s)\cdot\psi_1(s,\lambda) - c_2(s)\cdot\psi_2(s,\lambda) = 0$$

und wegen der Sprungrelation für die Greensche Funktion [5]

$$c_1(s)\cdot\psi_1'(s,\lambda) - c_2(s)\cdot\psi_2'(s,\lambda) = 1.$$

Also hat die Greensche Funktion die Form

$$G(t,s,\lambda) = \frac{1}{W(\psi_1,\psi_2)(s)} \begin{cases} \psi_1(s,\lambda)\ \psi_2(t,\lambda) & 0 \leq s \leq t \leq \pi \\ \psi_2(s,\lambda)\ \psi_1(t,\lambda) & 0 \leq t \leq s \leq \pi \end{cases} \tag{5.19}$$

mit $W(\psi_1(s,\lambda), \psi_2(s,\lambda)) = \begin{vmatrix} \psi_1(s,\lambda) & \psi_2(s,\lambda) \\ \psi_1'(s,\lambda) & \psi_2'(s,\lambda) \end{vmatrix}$
als Wronskideterminante.

Für diese gilt aber die bekannte Liouvillesche Formel [5]:

$$W(t,\lambda) = W(t_0,\lambda)\cdot e^{-(\int_{t_0}^{t} p_1(s)ds)},\ t_0 \text{ beliebig, aber fest aus } [0,\pi] \tag{5.20}$$

mit $p_1(s)$ als Koeffizient von $u'(s)$ in der Formel des Differentialoperators $\mathcal{L}$, also in unserem Fall $p_1(s) = 0$, so daß $W(t,\lambda) = W(t_0,\lambda)$. Die Wronskideterminante hängt nicht von t ab. Deshalb können wir schreiben $W(t,\lambda) = W(\lambda)$.

Um $G(t,s,\lambda)$ abschätzen zu können, benötigen wir Informationen über $\psi_1(s,\lambda)$ und $\psi_2(s,\lambda)$. Hierzu lösen wir zunächst die erste der Differentialgleichungen (5.17) durch die Methode der Variation der Konstanten, wobei wir mit den zwei Lösungen

$$\xi_1(t) = \cos \lambda^{1/2} t \quad \text{und} \quad \xi_2(t) = \sin \lambda^{1/2} t \qquad (5.21)$$

der Gleichung $\psi_1'' + \lambda\psi_1 = 0$ starten.
Für die partikuläre Lösung der Gleichung (5.17) wird der Ansatz $\xi(t) = c_1(t)\cdot\cos \lambda^{1/2} t + c_2(t)\cdot\sin \lambda^{1/2} t$ gemacht. Hierbei sind $c_1(t)$ und $c_2(t)$ zu bestimmen. Zusätzlich wird gefordert:

$$c_1'(t)\cdot\cos \lambda^{1/2} t + c_2'(t)\cdot\sin \lambda^{1/2} t = 0.$$

Nach Einsetzen der ersten und der zweiten Ableitung von $\xi(t)$ in (5.17) erhält man das Gleichungssystem

$$\begin{pmatrix} \cos \lambda^{1/2} t & \sin \lambda^{1/2} t \\ -\sin \lambda^{1/2} t & \cos \lambda^{1/2} t \end{pmatrix} \begin{pmatrix} c_1'(t) \\ c_2'(t) \end{pmatrix} = \begin{pmatrix} 0 \\ 1/\lambda^{1/2}\cdot q(t)\ \xi(t) \end{pmatrix}.$$

Als partikuläre Lösung von (5.17) haben wir damit nach obigem Ansatz

$$\xi(t) = -1/\lambda^{1/2}\cdot\cos\lambda^{1/2}t\cdot\int_0^t q(s)\cdot\xi(s)\cdot\sin\lambda^{1/2}s\,ds +$$
$$+ 1/\lambda^{1/2}\cdot\sin\lambda^{1/2}t\cdot\int_0^t q(s)\cdot\xi(s)\cdot\cos\lambda^{1/2}s\,ds. \qquad (5.22)$$

Mit einer bekannten trigonometrischen Formel ergibt sich dann

$$\xi(t) = 1/\lambda^{1/2}\cdot\int_0^t q(s)\cdot\xi(s)\cdot\sin\lambda^{1/2}(t-s)ds.$$

Andererseits löst

$$\xi^*(t) = b_0\cdot\cos\lambda^{1/2}t - a_0/\lambda^{1/2}\cdot\sin\lambda^{1/2}t \qquad (5.23)$$

die Gleichung (5.17) für $q = 0$. Nach Zusammenfassung der Terme in (5.23) folgt

$$\xi^*(t) = (b_0^2 + a_0^2/\lambda)^{1/2}\cdot\sin(\lambda^{1/2}\cdot t + \delta_\lambda)$$

mit $\tan\delta_\lambda = -\lambda^{1/2}\cdot b_0/a_0$ [4].

Damit lautet die allgemeine Lösung unserer Differentialgleichung (5.17)

$$\xi(t) = (b_0^2 + a_0^2/\lambda)^{1/2}\cdot\sin(\lambda^{1/2}\cdot t + \delta_\lambda) +$$
$$+ 1/\lambda^{1/2}\cdot\int_0^t q(s)\cdot\xi(s)\cdot\sin\lambda^{1/2}(t-s)ds. \qquad (5.24)$$

Mit $A := (b_0^2 + a_0^2/\lambda)^{1/2}$ und $B(s) := q(s)\cdot\sin\lambda^{1/2}(t - s)$ ergibt sich

$$\xi(t) \le A + \int_0^t B(s)\cdot\xi(s)ds \text{ für } \lambda \ge 1,$$ woraus mit Gronwalls Ungleichung [3] folgt $|\xi(t)| \le A\cdot e^{\int_0^\pi |q(s)|\, ds}$, für $\lambda \ge 1$. Wenn wir diese Ungleichung in die allgemeine Lösung (5.24) einsetzen, so ergibt sich

$$|\xi(t)| \le A(1 + 0(1/\lambda^{1/2})) \text{ für } \lambda \ge 1. \qquad (5.25)$$

Wenn in $\xi(t)$ (5.24) der zweite Term durch (5.22) ersetzt wird, dann ergibt sich nach Differentiation und Zusammenfassung

$$\xi'(t) = \lambda^{1/2}\cdot A\cdot\cos(\lambda^{1/2}\cdot t + \delta_\lambda) + \int_0^t q(s)\cdot\xi(s)\cdot\cos\lambda^{1/2}(t\text{-}s)ds. \qquad (5.26)$$

Aus dieser Gleichung folgt wie bei $\xi(t)$

$$|\xi'(t)| \le \lambda^{1/2}\cdot A(1 + 0(1/\lambda^{1/2})) \text{ für } \lambda \ge 1.$$

Ganz entsprechend können wir auch die zweite Differentialgleichung (5.18) lösen und erhalten mit $B := (b_1^2 + a_1^2/\lambda)^{1/2}$

$$|\xi(t)| \le B(1 + 0(1/\lambda^{1/2})) \text{ für } \lambda \ge 1 \qquad \text{und}$$

$$|\xi'(t)| \le \lambda^{1/2}\cdot B(1 + 0(1/\lambda^{1/2})) \text{ für } \lambda \ge 1.$$

4) Damit kann (5.19) weiter abgeschätzt werden:

$$|G(t,s,\lambda)| \leq \frac{1}{|W(\lambda)|} \cdot |\xi(s)| \cdot |\xi(t)| \leq \frac{1}{|W(\lambda)|} \cdot B \cdot A \cdot (1 + 0(1/\lambda^{1/2}))$$

und

$$|G_t(t,s,\lambda)| \leq \frac{1}{|W(\lambda)|} \cdot |\xi(s)| \cdot |\xi'(t)| \leq \frac{1}{|W(\lambda)|} \cdot B \cdot A \cdot \lambda^{1/2} \cdot (1+0(1/\lambda^{1/2})).$$

Mit diesen beiden Ungleichungen geht Ungleichung (5.16) über in

$$1 \leq \pi \cdot \left(\frac{M}{|W(\lambda)|} \cdot A \cdot B \cdot (1+0(1/\lambda^{1/2})) + \frac{N}{|W(\lambda)|} \cdot \lambda^{1/2} \cdot A \cdot B \cdot (1+0(1/\lambda^{1/2}))\right) \Leftrightarrow$$

$$\Leftrightarrow \frac{|W(\lambda)|}{\lambda^{1/2}} \leq \pi \cdot A \cdot B \cdot (M/\lambda^{1/2} + N) \cdot (1+0(1/\lambda^{1/2})). \qquad (5.27)$$

Da die Wronskideterminante wegen (5.20) nicht von t abhängt, genügt es, $W(\lambda)$ an der Stelle $t = \pi$ zu berechnen.

Nach Wahl im Anschluß an (5.18) gilt $\xi'(\pi,\lambda) = -a_1$ und $\xi(\pi,\lambda) = b_1$. $\Rightarrow$

$$\Rightarrow W(\lambda)/\lambda^{1/2} = (-\xi(\pi,\lambda)\, a_1 - b_1\, \xi'(\pi,\lambda))/\lambda^{1/2}.$$

Durch Verwendung von (5.24) sowie (5.26) ergibt sich mit Hilfe einer trigonometrischen Formel [4]

$$W(\lambda)/\lambda^{1/2} = A \cdot B \cdot [\sin(\lambda^{1/2} \cdot \pi + \Delta(\lambda)) + 0(1/\lambda^{1/2})] \text{ mit} \qquad (5.28)$$

$$\tan \Delta(\lambda) = \frac{a_1 \cdot A/\lambda^{1/2} \cdot \sin(\delta_\lambda + \pi) + b_1 \cdot A \cdot \sin(\delta_\lambda + 3\pi/2)}{a_1 \cdot A/\lambda^{1/2} \cdot \cos(\delta_\lambda + \pi) + b_1 \cdot A \cdot \cos(\delta_\lambda + 3\pi/2)},$$

wobei $\lim_{\lambda \to \infty} \Delta(\lambda)$ existiert.

Wie in § 5 2. erwähnt wurde, sind die Nullstellen der Wronskideterminante die Eigenwerte λ_n unserer E.W.A. (5.4). Nach Wahl am Anfang dieses Beweises ist λ jedoch kein Eigenwert, deshalb ergibt der Vergleich der Ungleichung (5.27) mit (5.28)

$$|\sin(\lambda^{1/2} \cdot \pi + \Delta(\lambda))| \leq \pi \cdot (M/\lambda^{1/2} + N)(1 + 0(1/\lambda^{1/2})) + 0(1/\lambda^{1/2}). \quad (5.29)$$

Für $\lambda \geq 1$ folgt aus (5.29)

$$C \subset \{\lambda \mid \lambda \text{ erfüllt } (5.29)\}.$$

5) Für die Beendigung des Beweises von Lemma 5.11 benötigen wir

Lemma 5.12:

λ_n proportional n^2 für $\lambda_n \to \infty$.

Beweis:

(Siehe beispielsweise B. M. LEVITAN / I. S. SARGSJAN [14]).
Lösung der Anfangswertaufgabe (5.17) ist $\xi(t)$ (5.24), wobei es hier günstiger ist, den ersten Term in (5.24) durch (5.23) zu ersetzen:

$$\xi(t) = b_0 \cdot \cos(\lambda^{1/2} \cdot t) - a_0/\lambda^{1/2} \cdot \sin(\lambda^{1/2} \cdot t) + \\ + 1/\lambda^{1/2} \cdot \int_0^t q(s) \cdot \xi(s) \cdot \sin(\lambda^{1/2} \cdot (t - s))ds. \qquad (5.30)$$

Können wir mit (5.30) auch die Randbedingung von (5.18) erfüllen, erhalten wir also eine Eigenfunktion der E.W.A. (5.4). Man kann so eine Bestimmungsgleichung des zugehörigen Eigenwertes λ bekommen:

$$(5.30) \Rightarrow \xi'(t) = - b_0 \cdot \lambda^{1/2} \cdot \sin(\lambda^{1/2} \cdot t) - a_0 \cdot \cos(\lambda^{1/2} \cdot t) + 0(1/\lambda^{1/2}).$$

Mit (5.18) folgt nach Zusammenfassen

$$a_1 \xi(\pi,\lambda) + b_1 \xi'(\pi,\lambda) = 0 \Leftrightarrow$$

$$\Leftrightarrow (a_1 b_0 - b_1 a_0) \cdot \cos(\lambda^{1/2} \cdot \pi) - b_1 b_0 \lambda^{1/2} \cdot \sin(\lambda^{1/2} \cdot \pi) + 0(1/\lambda^{1/2}) = 0. \qquad (5.31)$$

Aus (5.31) folgt für $\lambda^{1/2} \to \infty$: $- b_1 b_0 \lambda^{1/2} \cdot \sin(\lambda^{1/2} \cdot \pi) \to 0 \Rightarrow$ $\Rightarrow \lambda^{1/2} \cdot \pi = n \cdot \pi$, $n \in \mathbb{Z}$. Also existiert eine unendliche Anzahl von Eigenwerten, die für $\lambda^{1/2} \to \infty$ proportional n^2 sind.
Da die linke Seite der Gleichung (5.31) nach Differentiation nach $\lambda^{1/2}$ für $\lambda^{1/2} \in \mathbb{Z}$, $\lambda^{1/2} \to \infty$, nämlich

$$- b_1 b_0 \lambda^{1/2} \cdot \pi \cdot \cos(\lambda^{1/2} \cdot \pi) + 0(1/\lambda^{1/2}),$$

nicht Null werden kann, ist die Nullstelle einfach.

Bezeichnen wir mit $(\lambda_n)^{1/2}$ die n-te Lösung der Gleichung (5.31), so folgt aus dem Sturmschen Oszillationssatz 5.1 und der Form der Eigenfunktionen, $\xi_n(t) = b_0 \cdot \cos \lambda_n^{1/2} \cdot t + 0(1/(\lambda_n)^{1/2})$, daß λ_n nahe n^2 liegt, wobei berücksichtigt werden muß, daß in Satz 5.1 die Folge der Eigenwerte bei λ_1 beginnt.

q. e. d.

6) Wir wollen uns jetzt kurz auf den Fall $\eta = 0$ beschränken, um danach auf den Fall $\eta \neq 0$ zu schließen.

Für $\eta = 0$ und große λ-Werte geht die Ungleichung (5.29) über in

$$|\sin(\lambda^{1/2} \cdot \pi + \Delta(\lambda))| \leq \pi \cdot M/\lambda^{1/2}. \tag{5.32}$$

Wegen Lemma 5.8 und Lemma 5.12 folgt hieraus
$\exists\, n_0$: $[\lambda_l - \alpha, \lambda_l + \alpha] \cap [\lambda_m - \alpha, \lambda_m + \alpha] = \emptyset$ für $l \neq m$;
$l, m \geq n_0 - 1$.

Wählen wir nun $\pi \cdot \eta < 1$ und n_0 wie eben, so daß
$\pi \cdot (M/\lambda^{1/2} + \eta) < 1$ für $n \geq n_0 - 1$, dann gilt diese Aussage auch für $\eta \neq 0$, jedoch nur, unter Berücksichtigung des Terms $\pi \cdot \eta$ in (5.29), in der Form

$$[\lambda_l - a_l, \lambda_l + b_l] \cap [\lambda_n - a_n, \lambda_n + b_n] = \emptyset \text{ für } n \neq l;\ n, l \geq n_0 - 1.$$

q. e. d. für Lemma 5.11

Lemma 5.8 liefert uns nun die Intervalle $[\lambda_n - \alpha, \lambda_n + \alpha]$ für

$\mathfrak{N} = 0$ (mit dem Eigenwert λ_n), welche die Voraussetzungen des Verzweigungssatzes 3.12 erfüllen. Deshalb gilt

Satz 5.13:

Es sei $\mathfrak{N} = 0$. Dann gilt:

$\forall\, n \geq n_0$: $\exists$ Familie K_n von Teilkontinua k von $(I_n \cap V) \times \{0\} \cup$ $\cup\, S$ mit $(I_n \cap V) \times \{0\} \cap k \neq \emptyset$, die die Alternative von Satz 3.12 erfüllt.

Beweis:

Wie in § 3 1. ist S der Abschluß der nichttrivialen Lösungen der Gleichung (5.5).

Für $n \geq n_0$ enthalten die Intervalle I_n nach Lemma 5.11 nur die einfachen Eigenwerte λ_n von $\mathcal{L}$, die nach Bemerkung 5.5 die charakteristischen Werte von L sind, d. h. $\lambda_n \in C_L$.

Mit $[a,b] := [\lambda_n - \alpha - \epsilon, \lambda_n + \alpha + \epsilon]$, $\epsilon > 0$, aber klein, sind die Bedingungen von Satz 3.12 erfüllt. q. e. d.

Satz 5.14:

Es sei a) $\mathfrak{N} \neq 0$,

b) $\pi \cdot \mathfrak{N} < 1$ und $\exists\, n_0$ wie in Lemma 5.11.

$\Rightarrow$ Die Familie K_n von Teilkontinua k von

$([\lambda_n - a_n, \lambda_n + b_n] \cap V) \times \{0\} \cup S$ mit

$([\lambda_n - a_n, \lambda_n + b_n] \cap V) \times \{0\} \cap k \neq \emptyset$ erfüllt Satz 3.12.

Beweis:

Analog dem Beweis von Satz 5.13 erhält man, unter den veränderten Voraussetzungen, mit den Intervallen aus Lemma 5.11 und $[a,b] := [\lambda_n - a_n - \epsilon, \lambda_n + b_n + \epsilon]$, daß die Alternative von Satz 3.12 gültig ist. q. e. d.

Es soll jetzt versucht werden mittels Satz 4.2, mehr Information über K_n aus Satz 5.14 zu gewinnen.

Bezeichnung 5.15: S_n

$S_n := \{u \mid B \ni u$ hat genau $n - 1$ Nullstellen t in $(0,\pi)$, es gilt $u(t) = 0, u'(t) \neq 0 \;\forall$ Nullstellen $t \in [0,\pi]\}$.

5.16 Eigenschaften von S_n:

1. S_n ist offen in B.
2. $t \cdot S_n \subset S_n \;\forall\; t > 0$.
3. $\forall\; u \in \partial S_n$ gilt: u ist triviale Lösung von $u = F(\lambda,u)$.

Beweis:

Siehe z.B. in [19, 20]. Die einzige nichttriviale Eigenschaft ist 3.:

Da S_n offen ist und alle u mit einfachen Nullstellen enthält, müßte ein u aus dem Rand ∂S_n eine zweifache Nullstelle bei t_0 besitzen. Als Lösung unserer Anfangswertaufgabe (5.17) mit $\xi(0) = b_0$ und $\xi'(0) = - a_0$ war $\xi(t)$ (5.30) eindeutig bestimmt, so daß mit den

Anfangsbedingungen $u(t_0) = 0$ und $u'(t_0) = 0$ aus (5.30) folgt

$$u(t - t_0) = 0 + 1/\lambda^{1/2} \cdot \int_0^{t - t_0} q(s) \cdot u(s) \cdot \sin \lambda^{1/2} \cdot (t - t_0 - s) ds.$$

Mit Gronwalls Ungleichung erhält man daher $u = 0$. q. e. d.

Bemerkung 5.17:

Für $n, l \geq n_0 - 1$ liefert Lemma 5.11

$[\lambda_l - a_l, \lambda_l + b_l] \cap [\lambda_n - a_n, \lambda_n + b_n] = \emptyset$.

Deshalb gibt es auch ein kleinstes festes n_1, so daß

$[\lambda_n - 2 \cdot \alpha, \lambda_n + 2 \cdot \alpha] \cap [\lambda_l - 2 \cdot \alpha, \lambda_l + 2 \cdot \alpha] = \emptyset$ für $l, n \geq n_1$; $l \neq n$.

Bezeichnung 5.18: $\mathbb{P}$

Für festes $n \geq n_1$: $\mathbb{P} := \bigcup_{l \neq n} S_l$.

5.19 Eigenschaften von $\mathbb{P}$:

1. $\mathbb{P}$ ist offen.
2. $t \cdot \mathbb{P} \subset \mathbb{P} \ \forall \ t > 0$.
3. $\forall \ u \in \eth\mathbb{P}$ gilt: u ist triviale Lösung von $u = F(\lambda, u)$.
4. $S_n \cap \mathbb{P} = \emptyset$.

Beweis:

Die Eigenschaften von $\mathbb{P}$ ergeben sich direkt aus den Eigenschaften von S_n 5.16. q. e. d.

Für unseren nächsten Satz benötigen wir den Sturmschen Vergleichssatz in der speziellen Form von H. BERESTYCKI [1]:

5.20 Sturmscher Vergleichssatz:

Es seien 1) $[t_0,t_1] \subset [0,\pi]$.

2) $c_1, c_2 \in C[t_0,t_1]$ mit $c_1 > c_2$ auf (t_0,t_1).

3) $w_1, w_2 \in C^2[t_0,t_1]$ mit $w_2 \not\equiv 0$,

$$\left.\begin{aligned} \mathcal{L}w_1 &= c_1 \cdot w_1 \\ \mathcal{L}w_2 &= c_2 \cdot w_2 \end{aligned}\right\} \text{ in } (t_0,t_1).$$

4) Entweder a) $w_2(t_0) = w_2(t_1) = 0$

oder b) $a_0 w_i(t_0) + b_0 w_i'(t_0) = 0,\ i = 1, 2$ und $w_2(t_1) = 0$

oder c) $a_1 w_i(ti) + b_1 w_i'(t_1) = 0,\ i = 1, 2$ und $w_2(t_0) = 0$

oder d) $a_0 w_i(t_0) + b_0 w_i'(t_0) = 0,\ i = 1, 2$ und

$a_1 w_i(t_1) + b_1 w_i'(t_1) = 0,\ i = 1, 2;$

wobei $|a_i| + |b_i| \neq 0,\ i = 0, 1$.

$\Rightarrow \exists\, t^* \in (t_0,t_1): w_1(t^*) = 0.$

Beweis:

Angenommen w_1 verschwindet nicht in (t_0, t_1):

1. OΞ $w_1, w_2 > 0$ in (t_0, t_1), denn sonst können wir $w_1(t)$, $w_2(t)$ durch $-w_1(t)$, $-w_2(t)$ ersetzen.
   Mit den Voraussetzungen 2) und 3) folgt nun

$$\int_{t0}^{t1} (w_2(t) \cdot \mathcal{L}w_1(t) - w_1(t) \cdot \mathcal{L}w_2(t))dt = \int_{t0}^{t1} (c_1(t) - c_2(t))w_1(t)w_2(t)dt > 0.$$

2. Setzen wir dagegen die Definitionen des Sturm-Liouville-Operators (5.1) für $\mathcal{L}w_1$ bzw. $\mathcal{L}w_2$ ein, so folgt nach partieller Integration

$$\int_{t0}^{t1} (w_2(t)\cdot\mathcal{L}w_1(t) - w_1(t)\cdot\mathcal{L}w_2(t))dt = \int_{t0}^{t1} [- w_2(t)(p(t)w_1'(t))' +$$

$$+ w_2(t)q(t)w_1(t) + w_1(t)(p(t)w_2'(t))' - w_1(t)q(t)w_2(t)]dt =$$

$$= [p(t)(w_2'(t)w_1(t) - w_2(t)w_1'(t))]_{t0}^{t1}.$$

3. Nach Einsetzen der Grenzen t_0, t_1 in den letzten Ausdruck kann dieser bei Berücksichtigung der Voraussetzungen 4) nicht positiv werden, so daß sich ein Widerspruch zum obigen ersten Teil des Beweises ergibt.

q. e. d.

<u>Satz 5.21</u>:

$\forall\, n \geq n_0$: $\exists$ Familie K_n von Teilkontinua k von $(I_n \cap V) \times \{0\} \cup$ $\cup\, S$ mit $(I_n \cap V) \times \{0\} \cap k \neq \emptyset$, für die folgendes gilt:

Für $n \geq n_1$ i) $\bigcup_{k \in K_n} k$ ist unbeschränkt,

ii) $\forall\, k \in K_n$: $k \subset ((\mathbb{R} \times S_n) \cup (I_n \times \{0\}))$.

Speziell gilt: $k \cap I_l \times \{0\} = \emptyset$ für $l \neq n$; $n \geq n_1$.

<u>Beweis:</u>

Wir zeigen zunächst folgende Behauptung:
Behauptung:

Vorausgesetzt: a) $u \in \lambda Lu + N(\lambda,u)$, $u \neq 0$;

b) $\lambda \in I_n$;

c) $\lambda_j < \lambda_n - 2\cdot\alpha < \lambda_n < \lambda_n + 2\cdot\alpha < \lambda_m$. $\Rightarrow$

$$\Rightarrow \; u \in \bigcup_{l=j+1}^{m-1} S_l .$$

Beweis der Behauptung:

1. Voraussetzungen a) und b) ermöglichen es, die ursprüngliche Operatorgleichung in der Form

$$\mathcal{L}u = \lambda au + a\cdot l,\ \text{f. ü.},\ |l(s)| \leq |\alpha\cdot u(s)|$$

zu schreiben, ebenso in der Form

$$\mathcal{L}u = (\lambda + \tilde{l})\, au,\ \text{f. ü., in s, mit}\ |\tilde{l}(s)| \leq \alpha.$$

2. Aus den Voraussetzungen b) und c) ergibt sich nun

$$\lambda_j < \lambda_n - 2\cdot\alpha \leq \lambda + \tilde{l} \leq \lambda_n + 2\cdot\alpha < \lambda_m,$$

deshalb können wir i) $\mathcal{L}u = (\lambda + \tilde{l})\cdot a\cdot u$ mit $\mathcal{L}w = \lambda_j\cdot a\cdot w$

und ii) $\mathcal{L}u = (\lambda + \tilde{l})\cdot a\cdot u$ mit $\mathcal{L}v = \lambda_m\cdot a\cdot v$
mit Hilfe des Sturmschen Vergleichssatzes 5.20 vergleichen.

Obgleich $\mathcal{L}u = (\lambda + \tilde{l}(s))\cdot a(s)\cdot u(s)$ nur f. ü. gilt, bleibt der Beweis des Sturmschen Vergleichssatzes richtig.

Aus dem Sturmschen Oszillationssatz 5.1 folgt, daß w j -1 Nullstellen t_k in $(0,\pi)$ hat, also $k = 1, 2, ..., j -1$.
Mit $w(t_k) = 0 = w(t_{k+1})$, $1 \leq k < k+1 \leq j-1$, ist die Voraussetzung 4) a) des Sturmschen Vergleichssatzes 5.20 mit $w := w_2$ erfüllt. $\Rightarrow$ u hat eine Nullstelle in (t_k,t_{k+1}). $\Rightarrow$ u hat j - 2 Nullstellen in (t_1,t_{j-1}). Mit $t_0 := 0$, t_1 bzw. $t_0 := t_{j-1}$, $t_1 := \pi$ sind außerdem die Voraussetzungen 4) b) bzw. 4) c) erfüllt. $\Rightarrow$ Insgesamt hat u also j Nullstellen in $(0,\pi)$.
Für j = 1 ist w Eigenfunktion zum Eigenwert λ_1 und besitzt nach dem Sturmschen Oszillationssatz 5.1 keine Nullstelle in $(0,\pi)$, erfüllt aber die (S.R.Bn.) ebenso wie u, so daß die Voraussetzung 4) d) des Sturmschen Vergleichssatzes mit $t_0 := 0$ und $t_1 := \pi$, $w_1 := u$ und $w_2 := w$ erfüllt ist. $\Rightarrow$ u hat eine Nullstelle in $(0,\pi)$.

Vergleichen wir nun $\mathcal{L}u$ mit $\mathcal{L}v$ und berücksichtigen, daß wieder nach dem Sturmschen Oszillationssatz v m -1 Nullstellen in $(0,\pi)$ besitzt, so folgt analog zum vorherigen Vergleich, u hat in $(0,\pi)$ m - 2 Nullstellen.

Damit ist die Behauptung bewiesen.

Für $n \geq n_1$ folgt mit dieser Behauptung und Bemerkung 5.17, daß jede Lösung von (5.2) mit $\lambda \in I_n$ in S_n liegt. $\Rightarrow$ Wenn (5.2) eine nichttriviale Lösung (λ,u) mit $\lambda \in (\mathbb{R}\backslash I_n) \cap C$ besitzt, so folgt

$u \notin S_n$, also $u \in \mathbb{P}$; denn nach dem Beweis von 5.16 können Lösungen von (5.2) höchstens einfache Nullstellen besitzen, d. h. $u \in \mathbb{P} \cup S_n$.

Mit den Eigenschaften von $\mathbb{P}$ 5.19 und denen von S_n 5.16 sind nun die Voraussetzungen von Satz 4.2 erfüllt, und zwar mit $\sigma := S_n$ für festes $n \geq n_1$.

Satz 4.2 in Verbindung mit dem Verzweigungssatz 3.12 liefert also die Aussagen dieses Satzes.

q. e. d.

Bemerkung 5.22:

Satz 5.14 ergibt Verzweigung für $n \geq n_0$, wobei n_0 sich aus der Proportionalität von λ_n zu n^2 nach Lemma 5.12 ergab. Dabei wurde die Ungleichung (5.29) berücksichtigt.

Für $n < n_0$ kann deshalb Überlappung der Intervalle nicht ausgeschlossen werden, dann ist nicht gewährleistet, daß die Summe der Vielfachheiten der charakteristischen Werte in den Intervallen ungerade ist, und wir können Satz 3.12 nicht mehr anwenden (Beispiel 3.15).

Dagegen zeigt BERESTYCKI [1] unter seinen Voraussetzungen, daß von jedem Intervall I_n Verzweigung ausgeht.

Für $n \geq n_1$ ist jedoch unsere Aussage von Satz 5.21 stärker als das Ergebnis von BERESTYCKI [1, Theorem 3], da für jedes

Teilkontinua $k \in K_n$ gilt:

$k \subset (\mathbb{R} \times S_n) \cup (I_n \times \{0\})$ und $(\mathbb{R} \backslash I_n) \times \{0\} \cap k = \varnothing$.

§ 6 Verzweigungsaussagen für Operatorgleichungen der Form $\mathcal{L}u \in \lambda Lu + N(\lambda,u) + n(\lambda,u)$

§ 6 Verzweigungsaussagen für Operatorgleichungen der Form $\mathcal{L}u \in \lambda Lu + N(\lambda,u) + n(\lambda,u)$

1. Vorbemerkung

Während RABINOWITZ [18] und K. SCHMITT und H. L. SMITH [23] Operatorgleichungen ausschließlich in Banachräumen betrachteten, untersuchte MACBAIN [15] eine Klasse von Operatorgleichungen in reellen Hilberträumen und übertrug die Ergebnisse auch auf Banachräume.

Hier soll nun eine Ausdehnung der Theorie von K. Schmitt und H. L. Smith mit Hilfe der Ergebnisse von MacBain zu einer größeren Klasse von Operatorgleichungen mit nichtdifferenzierbaren Abbildungen zuerst in reellen Hilberträumen und dann ebenso in Banachräumen durchgeführt werden.

MacBain betrachtete die Gleichung

$$\mathcal{L}u \in \lambda u + H(\lambda,u)$$

in reellen Hilberträumen $\mathcal{H}$ mit einem linearen, selbstadjungierten Operator $\mathcal{L}$ und einer kompakten Abbildung H: $\mathbb{R} \times \mathcal{H} \to \mathcal{H}$, für die $o(\|u\|)$ gleichmäßig auf beschränkten λ-Intervallen für $u \to 0$ gilt.
Er lieferte Aussagen, d. h. Verzweigungsalternativen für diese Operatorgleichung, die später auch noch auf andere Gleichungen übertragen wurden, insbesondere auf Banachräume.

Wir können zur Theorie K. Schmitts u. H. L. Smiths und MacBains <u>eine weitere Verallgemeinerung</u> anbieten, indem in interessanter Weise die Ergebnisse MacBains auf die nichtdifferenzierbaren Abbildungen aus § 3 angewandt, zur Klasse der Operatorgleichungen

$$\mathcal{L}u \in \lambda Lu + N(\lambda,u) + n(\lambda,u), \qquad (6.1)$$

zuerst in reellen Hilberträumen $\mathcal{H}$, geführt werden.

Hierbei ist <u>$\mathcal{L}$ ein linearer, selbstadjungierter Operator</u>, der Operator L beschränkt, linear, positiv definit, die mengenwertige Abbildung N positiv homogen in u und vollstetig, $N(\lambda,u)$ sternförmig um 0. Genauere Voraussetzungen werden im nächsten Abschnitt zusammengefaßt. Die Abbildung n ist $o(\|u\|)$ gleichmäßig auf beschränkten λ-Intervallen.

2. <u>Bezeichnungen und Voraussetzungen</u>

S sei die Menge der nichttrivialen Lösungen von (6.1) und C_{λ_0} das maximale Teilkontinuum von $S \cup \{(\lambda_0,0)\}$, welches $(\lambda_0, 0)$ enthält.

Mit $\bar{A}$ wird im folgenden der Abschluß der Menge A im entsprechenden Raum $\mathbb{R} \times \mathcal{H}$ bezeichnet. Außerdem bedeutet $C_{\lambda_0 \mathbb{R}}$ die Menge $\{\lambda \in \mathbb{R} \mid (\lambda,u) \in C_{\lambda_0}\}$ und $C_{\lambda_0 \mathcal{H}}$ entsprechend $\{u \in \mathcal{H} \mid (\lambda,u) \in C_{\lambda_0}\}$.

<u>Definition 6.1</u>:

λ_0 heißt <u>isolierter Eigenwert von $(\mathcal{L},L)$</u> $\Leftrightarrow$ λ_0 ist Eigenwert von

$(\mathcal{L},L)$ und $\operatorname{dist}(\lambda_0,\sigma(\mathcal{L},L)\backslash\lambda_0) > 0$, wobei mit $\sigma(\mathcal{L},L)$ das Spektrum von $(\mathcal{L},L)$ bezeichnet wird.

$\sigma \subset \sigma(\mathcal{L},L)$ heißt <u>isolierter Teil vom Spektrum</u> $\sigma(\mathcal{L},L)$, wenn $\operatorname{dist}(\sigma,\sigma(\mathcal{L},L)\backslash\sigma) > 0$. Für $L := I$ gilt $\sigma(\mathcal{L},I) =: \sigma(\mathcal{L})$.

<u>Definition 6.2</u>:

$\sigma_\rho(\mathcal{L},L)$ <u>heißt wesentliches Spektrum von $(\mathcal{L},L)$</u> $:\Leftrightarrow$

$:\Leftrightarrow$ $\{\lambda \in \sigma(\mathcal{L},L) \mid \lambda$ ist entweder Häufungspunkt von $\sigma(\mathcal{L},L)$ oder λ ist isolierter Eigenwert unendlicher Vielfachheit$\}$. Für $L := I$ gilt $\sigma_\rho(\mathcal{L}) := \sigma_\rho(\mathcal{L},I)$.

Wir geben nun eine Zusammenfassung der

<u>Voraussetzungen der Operatorgleichung (6.1)</u>: (6.2)

1) $\mathcal{H}$ reeller Hilbertraum;
2) $\mathcal{L}: \mathcal{H} \to \mathcal{H}$ linearer, selbstadjungierter Operator;
3) $L: \mathcal{H} \to \mathcal{H}$ linearer, beschränkter, positiv definiter Operator;
4) $N: \mathbb{R} \times \mathcal{H} \to \mathcal{P}(\mathcal{H})$ ist eine vollstetige Abbildung: $\forall\ (\lambda,u)$, $0 \in N(\lambda,u)$ gilt: $N(\lambda,u)$ ist sternförmig um 0, abgeschlossen, beschränkt, positiv homogen bezüglich u;
5) $n: \mathbb{R} \times \mathcal{H} \to \mathcal{P}(\mathcal{H})$, $n(\lambda,u) = o(\|u\|)$ gleichmäßig auf beschränkten λ-Intervallen.

Wir formen mit Hilfe des folgenden Lemmas die Operatorgleichung (6.1) in eine für die späteren Betrachtungen günstigere Form um.

Lemma 6.3:

Es sei $L^{1/2}$ die positive Wurzel von L.

$\Rightarrow$ Mit $\mathcal{F} := L^{-1/2} \cdot \mathcal{L} \cdot L^{-1/2}$ erfüllt $\mathcal{F}u \in \lambda u + M(\lambda,u) + m(\lambda,u)$ die Voraussetzungen (6.2).

Beweis:

1. Aussagen über positiv definite Operatoren findet man beispielsweise bei F. RIESZ u. B. S. NAGY [21]: Aus 3) von (6.2) folgt, daß L symmetrisch ist. $\Rightarrow$ $\exists_1$ positiv definite, symmetrische Wurzel $L^{1/2}$ von L. $\Rightarrow$ $\exists_1$ positiv definite, symmetrische, lineare, beschränkte Inverse $L^{-1/2}$ von $L^{1/2}$. $\Rightarrow$

$$\Rightarrow L^{-1/2} \cdot \mathcal{L} \cdot L^{-1/2} u \in \lambda u + L^{-1/2} N(\lambda,u) L^{-1/2} + L^{-1/2} n(\lambda,u) L^{-1/2}.$$

2. $\mathcal{F} := L^{-1/2} \cdot \mathcal{L} \cdot L^{-1/2}$ ist trivialerweise ein linearer, selbstadjungierter Operator.
3. $M(\lambda,u) := L^{-1/2} N(\lambda,u) L^{-1/2}$ erfüllt wegen der Eigenschaften von $L^{-1/2}$ die gleichen Voraussetzungen wie $N(\lambda,u)$.
4. $m(\lambda,u) := L^{-1/2} n(\lambda,u) L^{-1/2}$. $\Rightarrow$ $m(\lambda,u) = o(\|u\|)$ gleichmäßig auf beschränkten λ-Intervallen.

Damit erfüllt $\mathcal{F}$ anstelle von $\mathcal{L}$ die entsprechenden Voraussetzungen (6.2). q. e. d.

Für unseren nächsten Satz benötigen wir vorab ein Korollar zu Lemma 3.11:

Korollar 6.4:

Es seien 1) X reeller Banachraum, 2) $\mathcal{L}: X \supset D(\mathcal{L}) \to X$ linear, stetig, 3) $\tilde{A}: X \to X$ linear und stetig, 4) für N und n die Voraussetzungen (6.2) 4), 5) erfüllt, 5) $\mathcal{L}u = \lambda\tilde{A}u + f(\lambda,u) + g(\lambda,u) \in$ $\in \lambda\tilde{A}u + N(\lambda,u) + n(\lambda,u)$ für $(\lambda,u) \in \mathbb{R} \times X$, 6) λ_0 ein isolierter Eigenwert von $(\mathcal{L},\tilde{A})$ mit ungerader Vielfachheit,

7) $\mathcal{C}_{\lambda_0}$ beschränkt, $\overline{\{\mathcal{C}_{\lambda_0\mathbb{R}}\}} \cap \sigma_p(\mathcal{L},\tilde{A}) = \emptyset$ und
$\mathcal{C}_{\lambda_0} \cap \mathbb{R} \times \{0\} = (\lambda_0,0)$. $\Rightarrow$

$\Rightarrow \mathcal{C}_{\lambda_0}$ ist kompakt und $\exists\, \mathcal{O} \subset \mathbb{R} \times X$, offen und beschränkt mit folgenden Eigenschaften: a) $\mathcal{C}_{\lambda_0} \subset \mathcal{O}$

b) $\partial\mathcal{O} \cap S = \emptyset$

c) $\mathcal{O}_{\mathbb{R}} := \{\lambda \mid (\lambda,u) \in \mathcal{O}\}$, $\overline{\mathcal{O}_{\mathbb{R}}} \cap \sigma_p(\mathcal{L},\tilde{A}) = \emptyset$

und d) $\forall\, (\lambda,0) \in \overline{\mathcal{O}}$: $|\lambda - \lambda_0| < \epsilon$ für $\epsilon < \epsilon_0$.

$\epsilon_0 := \text{dist}\,(\lambda_0,\sigma(\mathcal{L},\tilde{A})\setminus\{\lambda_0\})$ und

$\text{dist}\,(\partial\mathcal{O},\sigma(\mathcal{L},\tilde{A}) \times \{0\}) \geq 2\cdot\epsilon_1$ für positive ϵ_1.

Beweis:

1. Voraussetzung 7) $\Rightarrow \mathcal{C}_{\lambda_0\mathbb{R}}$ ist abgeschlossen und beschränkt. Da $\mathcal{C}_{\lambda_0\mathbb{R}} \subset \mathbb{R}$, ist $\mathcal{C}_{\lambda_0\mathbb{R}}$ also kompakt.
Mit $K := \{\mathbb{C},\mathbb{R}\}$ folgt $\mathcal{C}_{\lambda_0\mathbb{R}} \subset K$. Ferner ist $\tilde{A}$ nach Voraussetzung 3) beschränkt, so daß $K := \inf\{\alpha \mid \alpha \in \mathbb{R}_+$ und $\tilde{A}$ ist α-Mengenkontraktion$\}$ existiert. Für einen abgeschlossenen, linearen Operator $T: X \supset D(T) \to X$ definieren wir

$l(T) := \sup\{r \mid r \in \mathbb{R}_+, r \cdot \chi(B) \leq \chi(T(B)), \forall B \subset D(T), \text{beschränkt}\}$,

wobei $\chi(B)$ das Kuratowski-Nichtkompaktheitsmaß ist. Hiermit wird unter der Voraussetzung 7) in G. HETZER [10] gezeigt, daß

$$l(\mathcal{L} - \lambda_1 \tilde{A}) \geq l(\mathcal{L} - \lambda_2 \tilde{A}) - |\lambda_1 - \lambda_2| \cdot K \ \forall \ \lambda_1, \lambda_2 \in C_{\lambda 0 \mathbb{R}} \Rightarrow$$

$$\Rightarrow |l(\mathcal{L} - \lambda_1 \tilde{A}) - l(\mathcal{L} - \lambda_2 \tilde{A})| \leq |\lambda_1 - \lambda_2| \cdot K \ \forall \ \lambda_1, \lambda_2 \in C_{\lambda 0 \mathbb{R}} \Rightarrow$$

$\Rightarrow l(\mathcal{L} - \cdot \tilde{A})$ ist stetig auf $C_{\lambda 0 \mathbb{R}}$.

2. Außerdem wird in G. HETZER [10] unter unseren Voraussetzungen gezeigt, daß $l(\mathcal{L} - \lambda \tilde{A}) > 0$. Deshalb wählen wir nun $\epsilon > 0$: $l(\mathcal{L} - \lambda \tilde{A}) \geq \epsilon$ für $\lambda \in C_{\lambda 0 \mathbb{R}}$ und $\eta > 0$: $\epsilon > K\eta$.

3. Für eine Folge $\{(\rho_k, u_k)\} \subset C_{\lambda 0}$, $k = 1, 2, \ldots$ können wir

$\rho_k \to \bar{\lambda} \in C_{\lambda 0 \mathbb{R}}$ wegen 1. annehmen. Für $k \in \mathbb{N}$ gilt wegen der Voraussetzung 5):

$$(\mathcal{L} - \bar{\lambda} \tilde{A})u_k - (\rho_k - \bar{\lambda}) \tilde{A}u_k - f(\rho_k, u_k) - g(\rho_k, u_k) = 0.$$

f und g sind vollstetig. $\Rightarrow$

$$\Rightarrow \chi(\{(\mathcal{L} - \bar{\lambda} \tilde{A}) u_k \mid k \in \mathbb{N}\}) = \chi(\{(\rho_k - \bar{\lambda})\tilde{A}u_k \mid k \in \mathbb{N}\}). \quad [9]$$

4. Da $\tilde{A}$ beschränkt ist, können wir annehmen $0 < K < \|\tilde{A}\|$.

$\exists \ k_0 \in \mathbb{N}$: $\forall \ k \geq k_0 : |\rho_k - \bar{\lambda}| \leq \eta$. Aus der letzten Gleichung in Abschnitt 3. folgt nach Wahl von K:

$$l(\mathcal{L} - \overline{\lambda}\tilde{A})\,\chi(\{u_k|\ k \in \mathbb{N}\}) \leq |\rho_k - \overline{\lambda}| \cdot K \cdot \chi(\{u_k|\ k \in \mathbb{N}\}) \leq$$
$$\leq \eta \cdot K \cdot \chi(\{u_k|\ k \in \mathbb{N}\}). \qquad [9, 10]$$

Nach Abschnitt 2. gilt aber $l(\mathcal{L} - \overline{\lambda}\tilde{A}) > K \cdot \eta \Rightarrow \chi(\{u_k|\ k \in \mathbb{N}\}) = 0$, also ist $\{u_k|\ k \in \mathbb{N}\}$ relativ kompakt und $\{(\rho_k, u_k)\}$ enthält eine konvergente Teilfolge. $\Rightarrow \mathcal{C}_{\lambda_0}$ ist kompakt.

5. Mit den Abschnitten 1. bis 4. dieses Beweises haben wir die Voraussetzungen geschaffen, um in Lemma 3.7 $\mathcal{C}$ durch $\mathcal{C}_{\lambda_0}$ ersetzen zu können, ohne daß sich die Aussagen von Lemma 3.7 verändern. Allerdings gehen wir nun von der Situation aus, λ_0 ist isolierter Eigenwert von $(\mathcal{L},\tilde{A})$. Mit entsprechender Änderung der Definitionen in § 3, bedingt durch die Tatsache, daß jetzt die Gleichung $\mathcal{L}u \in \lambda\tilde{A}u + N(\lambda,u) + n(\lambda,u)$ anstelle von $u \in \lambda Lu + N(\lambda,u) + n(\lambda,u)$ betrachtet wird, bleibt Lemma 3.11 deshalb unverändert gültig.

q. e. d.

Es soll jetzt der angekündigte Verzweigungssatz für $\mathcal{F}$ angegeben werden.

<u>Satz 6.5:</u> <u>Verzweigungssatz</u>

Es seien λ_0 ein isolierter Eigenwert von $\mathcal{F}$ mit ungerader Vielfachheit und für $\mathcal{F}$ die Voraussetzungen (6.2) mit den entsprechenden Veränderungen durch die Definitionen aus Lemma 6.3 erfüllt.

$\Rightarrow$ Entweder $C_{\lambda 0}$ ist unbeschränkt

oder $C_{\lambda 0}$ ist beschränkt und $\{\overline{C_{\lambda 0 \mathbb{R}}}\} \cap \sigma_p(\mathcal{F}) \neq \emptyset$

oder $C_{\lambda 0}$ ist kompakt, $\{\overline{C_{\lambda 0 \mathbb{R}}}\} \cap \sigma(\mathcal{F}) = \{\lambda_0, \lambda_1, ..., \lambda_n\}$ und die Summe der Vielfachheiten der Eigenwerte $\lambda_0, \lambda_1, ..., \lambda_n$ von $\mathcal{F}$ ist gerade.

<u>Beweis</u>:

1. Da $\mathcal{F}$ selbstadjungiert ist, sind alle Eigenwerte von $\mathcal{F}$ bekannterweise reell, insbesondere ist $\lambda_0 \in \mathbb{R}$.
2. Wir nehmen an, keine der Aussagen trifft zu. $\Rightarrow$ $C_{\lambda 0}$ ist beschränkt und $\{\overline{C_{\lambda 0 \mathbb{R}}}\} \cap \sigma_p(\mathcal{F}) = \emptyset$. $\Rightarrow$ $\exists$ Umgebung N_δ vom wesentlichen Spektrum $\sigma_p(\mathcal{F})$, und mit Korollar 6.4 folgt: $\exists\, \mathcal{O} \subset \mathbb{R} \times \mathcal{H}$, offen und beschränkt: $C_{\lambda 0} \subset \mathcal{O}$ und $\overline{\mathcal{O}_{\mathbb{R}}} \cap N_\delta = \emptyset$.
3. Mit $\mathcal{H}'$ definieren wir den maximalen, abgeschlossenen Teilraum von $\mathcal{H}$, für den folgendes gilt:
   $\mathcal{F}\mathcal{H}' \subset \mathcal{H}'$ und mit $\mathcal{F}|_{\mathcal{H}} := \mathrm{Res}_{\mathcal{H},\mathcal{H}'}\mathcal{F}$; $\sigma(\mathcal{F}|_{\mathcal{H}'}) = \sigma(\mathcal{F}) \cap N_\delta$.
   In $\mathcal{H}'$ sind dann alle Eigenfunktionen u' enthalten, die zu Eigenwerten λ aus dem wesentlichen Spektrum $\sigma_p(\mathcal{F})$ gehören.
4. Da $\mathcal{H}$ ein Hilbertraum und $\mathcal{H}' \subset \mathcal{H}$ als abgeschlossener Teilraum vollständig ist, sind die Voraussetzungen des Projektionssatzes [29] erfüllt, d. h. $\forall\, u \in \mathcal{H}\ \exists_1\, u^* \in \mathcal{H}'$:

$$\|u - u^*\| = \inf\{\|u - u'\| \mid u' \in \mathcal{H}'\},$$

und es gilt die eindeutige Zerlegung

$$\begin{array}{ccccc} \mathcal{H} & = & \mathcal{H}' & \oplus & (\mathcal{H}')^{\perp}, \\ \Cup & & \Cup & & \Cup \\ u & = & u^* & + & v \end{array}$$

u^* ist die orthogonale Projektion von u auf $\mathcal{H}'$.
Wir bezeichnen die Projektionsabbildung mit P:

$$P: \mathcal{H} \to \mathcal{H}', \quad u \mapsto Pu = u^* \quad P|_{\mathcal{H}'} = \mathrm{Id}\,\mathcal{H}' \quad P|_{(\mathcal{H}')^{\perp}} = 0.$$

Ferner gilt $P = P^2$, und P ist ein linearer, selbstadjungierter Operator [12, 13].

5. Wir wählen nun ein reguläres $\mu_0 \notin \overline{\sigma_{\mathbb{R}}}$, $\mu_0 \in \rho(\mathcal{F})$, der Resolventenmenge von $\mathcal{F}$, und definieren damit den Operator F_0 durch:

$$F_0 := (\mathcal{F} - \mu_0 I)(I - P). \qquad (6.3)$$

i) Weil $\mathcal{F}$ und P linear sind, gilt dieses trivialerweise auch für F_0.

ii) Wegen der Eigenschaften von $\mathcal{F}$ und P ist F_0 kompakt.

6. $\lambda \notin N_\delta$, λ Eigenwert von $\mathcal{F}$ mit Vielfachheit m $\Leftrightarrow$ $\lambda - \mu_0$ ist Eigenwert von F_0 mit Vielfachheit m.

Beweis:

„⇒": $\lambda u = \mathcal{F}u$, $u \neq 0$. ⇒Für die Eigenfunktionen u zum Eigenwert λ gilt: $u \notin \mathcal{H}'$ nach 3.; denn $\lambda \notin N_\delta$. Mit der Definition von F_0 (6.3), unter Berücksichtigung der Eigenschaften von P, folgt nun

$$\lambda u = \mathcal{F}u = (F_0 + \mu_0 I)u \Rightarrow (\lambda I - \mu_0 I)u = F_0 u,$$

also ist $(\lambda - \mu_0)$ Eigenwert von F_0 mit Vielfachheit m.

„⇐": Aus dem Spektralsatz für kompakte Operatoren [12] folgt für unseren kompakten Operator F_0, daß die Eigenfunktionen u zum Eigenwert $\lambda - \mu_0$ nicht aus $\mathcal{H}'$ sind. ⇒

$$\Rightarrow (\lambda I - \mu_0 I)\, u = F_0 u = \mathcal{F}u - \mu_0 u \Rightarrow \lambda u = \mathcal{F}u.$$

7. Für $\mathcal{F}u := \lambda u + f(\lambda,u) + g(\lambda,u)$ mit $f(\lambda,u) \in M(\lambda,u)$, $g(\lambda,u) \in m(\lambda,u)$ definieren wir nun für $\lambda \notin \{\mu_0\} \cup N_\delta$ den Operator

$$\mathcal{F}_\lambda := (\lambda - \mu_0)^{-1}[F_0 + (I - P)(- f(\lambda,\cdot) - g(\lambda,\cdot))] +$$

$$+ (\lambda I - \mathcal{F})^{-1}P(- f(\lambda,\cdot) - g(\lambda,\cdot)). \qquad (6.4)$$

Für λ aus einer Umgebung von $\overline{\sigma_{\mathbb{R}}}$ gilt:

$$u = \mathcal{F}_\lambda u \Leftrightarrow \mathcal{F}u = \lambda u + f(\lambda,u) + g(\lambda,u).$$

Beweis:

i) „$\Rightarrow$": Korollar 6.4 $\Rightarrow \exists$ Umgebung $U(\overline{\sigma_{\mathbb{R}}})$: $U(\overline{\sigma_{\mathbb{R}}}) \cap N_\delta = \emptyset$ mit N_δ wie unter 2. .

$$u = \mathcal{F}_\lambda u \quad \Leftrightarrow$$

$$\Leftrightarrow u = (\lambda - \mu_0)^{-1}[F_0 u + (I - P)(- f(\lambda,u) - g(\lambda,u))] +$$
$$+ (\lambda I - \mathcal{F})^{-1} P(- f(\lambda,u) - g(\lambda,u)). \qquad (6.5)$$

Für $\lambda \in (\overline{\sigma_{\mathbb{R}}})$ und $\lambda \neq \mu_0$ gilt nach Definition von $\mathcal{H}'$:
$\lambda \notin \sigma(\mathcal{F}|_{\mathcal{H}'})$.
Nach Definition von P folgt deshalb:

$$(6.5) \Leftrightarrow (\lambda - \mu_0)u = F_0 u - f(\lambda,u) - g(\lambda,u) =$$
$$= \mathcal{F}u - \mu_0 u - f(\lambda,u) - g(\lambda,u) \Rightarrow$$
$$\Rightarrow \mathcal{F}u = \lambda u + f(\lambda,u) + g(\lambda,u).$$

ii) „$\Leftarrow$": Wir wählen $\lambda \in U(\overline{\sigma_{\mathbb{R}}}) \Rightarrow \lambda \notin \sigma(\mathcal{F}|_{\mathcal{H}'})$. Da $\mathcal{F}_\lambda$ nur für $\lambda \neq \mu_0$, $\lambda \notin N_\delta$ definiert ist, verläuft der Rest des Beweises dieser Richtung damit analog dem der anderen Richtung.

8. Aus (6.4) folgt

$$\mathcal{F}_\lambda = (\lambda - \mu_0)^{-1} F_0 + [(\lambda - \mu_0)^{-1}(I - P) + (\lambda I - \mathcal{F})^{-1} P] \cdot$$
$$\cdot [- f(\lambda,\cdot) - g(\lambda,\cdot)].$$

i) $(\lambda - \mu_0)^{-1} F_0$ ist der lineare Anteil von $\mathcal{F}_\lambda$. 6. $\Rightarrow$ Genau dann, wenn λ_0 Eigenwert von $\mathcal{F}$ mit Vielfachheit m_0 ist, hat der lineare Anteil von $\mathcal{F}_{\lambda_0}$ den Eigenwert 1 mit Vielfachheit m_0.

ii) Da F_0 nach 5. vollstetig ist, gilt dieses auch für den linearen Anteil von $\mathcal{F}_\lambda$.

iii) Der nichtlineare Anteil von $\mathcal{F}_\lambda$ ist wegen der Eigenschaften von P, $\mathcal{F}$, f, g vollstetig.

iv) Definieren wir nun

$N(\lambda,u) := [(\lambda - \mu_0)^{-1}(I - P) + (\lambda I - \mathcal{F})^{-1}P](- M(\lambda,u))$ und

$n(\lambda,u) := [(\lambda - \mu_0)^{-1}(I - P) + (\lambda I - \mathcal{F})^{-1}P](- m(\lambda,u))$.

Für $f(\lambda,u)$ aus $M(\lambda,u)$ und $g(\lambda,u)$ aus $m(\lambda,u)$ erfüllen N und n wegen der Eigenschaften von P, $\mathcal{F}$ und M, m die Voraussetzungen 3) und 4) von (3.2), so daß

$$\mathcal{F}_\lambda u \in (\lambda - \mu_0)^{-1} F_0 u + N(\lambda,u) + n(\lambda,u).$$

Damit erfüllt $\mathcal{F}_\lambda u$ insgesamt die Voraussetzungen (3.2) mit F_0 anstelle von L.

Der Alternativsatz (Verzweigungssatz) 3.12 zeigt uns deshalb, daß eine der Aussagen dieses Satzes zutreffen muß.

q. e. d.

3. Verzweigungssatz von Witt in Banachräumen

Wir beschränken uns hier auf Operatorgleichungen der Form

$$\mathcal{T}u \in \lambda u + M(\lambda,u) + m(\lambda,u). \tag{6.6}$$

S und $\mathcal{C}_{\lambda 0}$ beziehen sich im folgenden auf die Gleichung (6.6).

Voraussetzungen der Operatorgleichung (6.6): (6.7)

1) B reeller Banachraum;
2) $\mathcal{T}$: B → B linearer, beschränkter Operator;
3) M, m haben die gleichen Eigenschaften wie N bzw. n von 4) bzw. 5) von (6.2).

Bemerkung 6.6:

Für lineare Operatoren $\mathcal{T}$ ergibt sich analog Satz 6.5 Verzweigung, wenn man spezielle Voraussetzungen hat, beispielsweise, wenn ein Operator P existiert, der P im Beweis von Satz 6.5 in geeigneter Weise ersetzen kann. Genauere Voraussetzungen findet man bei MACBAIN [15].

Wir wollen hier nur lineare, beschränkte Operatoren $\mathcal{T}$ betrachten, dazu erweitern wir den Banachraum B zum komplexen Banachraum $\mathcal{B} = B \times B$. Nach H. H. SCHAEFER [22] kann man einen Vektorraum folgendermaßen komplexifizieren:

Lemma 6.7:

Sei X ein topologischer Vektorraum über $K \subset \mathbb{R}$. u sei ein Automorphismus. Dann gilt:

Die Skalarmultiplikation in X besitzt durch $(\lambda + i\mu)x =$
$= \lambda x + \mu u(x)$ mit $\lambda, \mu \in K$, $x \in X$ eine stetige Fortsetzung nach $K(i) \times X \rightarrow X$, wobei $K(i) := K + iK$ $\Leftrightarrow$ X enthält einen Automorphismus u: $u^2 = -e$.

<u>Beweis</u>:

H. H. SCHAEFER [22].

Nicht immer existiert ein solcher Automorphismus u, beispielsweise bei reellen Vektorräumen endlicher, ungerader Dimension.

Da alle normierten Räume als topologische Vektorräume mit der durch die Metrik $d(x,y) = \|x - y\|$ induzierten Topologie, der Normtopologie, aufgefaßt werden können, soll für unsere späteren Zwecke der Banachraum B isomorph in einen Banachraum über K(i) eingebettet werden:

Dazu betrachten wir den Produktraum $B \times B$ über K und definieren den Automorphismus $u: (x,y) \mapsto (-y,x)$ von $B \times B$ mit $u^2 = -e$. Nach Lemma 6.7 kann die Skalarmultiplikation in B fortgesetzt werden zu $K(i) \times B \times B \rightarrow B \times B$ durch

$(\lambda + i\mu)(x,y) = \lambda \cdot (x,y) + \mu \cdot (-y,x) \Rightarrow i(x,0) = (0,x) =: x \; \forall x \in B \Rightarrow$
$\Rightarrow \forall \; (x,y) \in B \times B: (x,y) = x + iy$ mit $x, y \in B$.

Da B ein topologischer Vektorraum über K ist, wird $B \times B$ topologischer Vektorraum über K(i). Die Restriktion der Skalarmultiplikation auf $K \times B \times B$ führt $B \times B$ in den Vektorraum $B \oplus iB$

über. Dieses wird die Komplexifizierung von B genannt.

Für die linearen Operatoren auf B, zu denen auch unser T von (6.7) 2) gehört, gilt

$$\check{T}((x,y)) := T(x + iy) = Tx + iTy = (Tx,Ty). \qquad (6.8)$$

Wir haben damit eine Darstellungsform gefunden, die für unseren nächsten Satz bequemer ist.

Im folgenden wollen wir stets $\mathcal{B}$ für den komplexen Banachraum $B \times B$ und $\check{T}$ für die komplexe Darstellung von T verwenden. Für die Norm gilt:

$$\|(x,y)\|_{\mathcal{B}} = (\|x\|^2 + \|y\|^2)^{1/2}.$$

<u>Definition 6.8:</u>

$D \subset \mathbb{C}$ heißt <u>zulässiger Bereich</u> $:\Leftrightarrow$ D ist zusammenhängend oder beschränkt und offen, $\partial D = \bigcup_{i=1}^{n} \gamma_i$, γ_i rektifizierbare, geschlossene Kurven, $\gamma_i \subset \rho(T)$.

<u>Definition 6.9:</u>

Zwei lineare Operatoren T, P heißen <u>vertauschbar</u>, wenn TP = PT.

<u>Satz 6.10:</u>

Vorausgesetzt: 1) T: $B \to B$ linearer, beschränkter Operator;

2) B reeller Banachraum;

3) $\sigma \subset \mathbb{R} \setminus \sigma_p(\check{T})$ ist eine kompakte Teilmenge.

$\Rightarrow \exists$ Projektion P_σ, beschränkt, $\sigma_0 = \sigma(\check{T}) \cap D$ isolierter Teil von $\sigma(\check{T})$, $\sigma_0 \subset \sigma$, D zulässiger Bereich:

a) P_σ vertauschbar mit T;

b) Die Restriktion $(T - \lambda I)|_{(I - P_\sigma)B}$ ist invertierbar $\forall\ \lambda \in \sigma$;

c) $P_\sigma B =: B_\sigma$ ist der lineare, abgeschlossene Teilraum der Eigenfunktion aus B zu den Eigenwerten von T aus σ.

<u>Beweis:</u>

Dieser Beweis beruht im wesentlichen auf Sätzen aus F. RIESZ - B. S. NAGY [21].

1. Zuerst gehen wir zur erwähnten komplexen Darstellung $\check{T}$ von T über. Aus 1) der Voraussetzungen folgt, daß das Spektrum $\sigma(\check{T})$ nicht leer ist [12]. Auch wenn σ keine Spektralwerte von $\check{T}$ enthält, ist $\sigma_0 \subset \sigma$, $\sigma_0 = \emptyset$ ein isolierter Teil des Spektrums $\sigma(\check{T})$. Zu σ_0 existiert also ein zulässiger Bereich
   D: $\sigma_0 = \sigma(\check{T}) \cap D$.

2.

   $P_\sigma := -1/(2\pi i) \cdot \int_{\partial D} R_z\, dz$, $R_z = (\check{T} - zI)^{-1}$ = Resolventenfunktion, ∂D = Rand von D;

   P_σ hängt nicht von D ab, sondern nur von dem isolierten Teil σ_0 von $\sigma(\check{T})$. Es gilt: $P_\sigma^2 = P_\sigma$, P_σ ist ein linearer, beschränkter Operator. Also ist P_σ Projektionsoperator.

3. Der Banachraum $\mathcal{B}$ kann folgendermaßen zerlegt werden:

$$\mathcal{B} = \mathcal{B}\sigma \oplus (\mathcal{B}\sigma)^{\perp}, \check{T}\mathcal{B}\sigma = \mathcal{B}\sigma, \check{T}(\mathcal{B}\sigma)^{\perp} = (\mathcal{B}\sigma)^{\perp}, \check{T}P\sigma = P\sigma\check{T},$$

d. h. $P\sigma$ ist vertauschbar mit $\check{T}$.

Die Zerlegung erfolgt so, daß die Eigenfunktionen zu den Eigenwerten von $\check{T}$ aus σ in $\mathcal{B}\sigma$ liegen.
$P\sigma$ ist die Projektion von $\mathcal{B}$ auf $\mathcal{B}\sigma$: $P\sigma|_{\mathcal{B}\sigma} = \mathrm{Id}\ \mathcal{B}\sigma$,
$P\sigma|_{(\mathcal{B}\sigma)^{\perp}} = 0$.

4. $(I - P\sigma)\mathcal{B} = (\mathcal{B}\sigma)^{\perp} \Rightarrow$ die Restriktion $(\check{T} - \lambda I)|_{(I - P\sigma)\mathcal{B}}$ ist invertierbar $\forall\ \lambda \in \sigma$, da $P\sigma$ vertauschbar mit $\check{T}$.

Von der komplexen Zerlegung können wir jetzt reelle Projektionsabbildungen von B nach B und die zugehörigen Teilräume herleiten, wenn wir die Darstellungsform (6.8) berücksichtigen.

q. e. d.

Mit Satz 6.10 kann der angekündigte Verzweigungssatz bewiesen werden.

Satz 6.11: Verzweigungssatz von Witt

Seien die Voraussetzungen (6.7) erfüllt, λ_0 isolierter Eigenwert von T mit ungerader Vielfachheit, $\mathbb{R} \cap \sigma_p(\check{T}) = \sigma_p(T)$.

$\Rightarrow$ $(\lambda_0,0)$ ist ein Verzweigungspunkt, so daß gilt:
Entweder $\mathcal{C}_{\lambda_0}$ ist unbeschränkt
oder $\mathcal{C}_{\lambda_0}$ ist beschränkt und $\{\overline{\mathcal{C}_{\lambda_0 \mathbb{R}}}\} \cap \sigma_p(T) \neq \emptyset$

oder C_{λ_0} ist kompakt, $\{\overline{C_{\lambda_0 \mathbb{R}}}\} \cap \sigma(T) = \{\lambda_0, \lambda_1, ..., \lambda_n\}$ und die Summe der Vielfachheiten der Eigenwerte $\lambda_0, \lambda_1, ..., \lambda_n$ von T ist gerade.

Beweis:

I. Aus den Voraussetzungen ergibt sich: $\sigma_0 := \{\lambda_0\} \subset \mathbb{R} \backslash \sigma_p(\check{T})$ ist isolierter Teil des Spektrums $\sigma(\check{T})$, damit können wir Satz 6.10 anwenden.

II. Satz 6.10 liefert also die Projektionsabbildung P_σ, die es ermöglicht, diesen Beweis analog dem des Verzweigungssatzes 6.5 zu führen, mit einigen Änderungen, bedingt dadurch, daß der im Beweis von Satz 6.5 verwendete Projektionssatz hier nicht angewendet werden kann. Wir wollen deshalb im folgenden die Gliederung des Beweises von Satz 6.5 mit denselben Numerierungen beibehalten und nur die Abschnitte angeben, die eine Änderung erfahren:

1. I. $\Rightarrow \lambda_0 \in \mathbb{R}$.
2.
3. Mit B_σ wird der maximale, abgeschlossene Teilraum der Eigenfunktionen u' zu den Eigenwerten $\lambda \in \sigma$ von T bezeichnet,

$$\sigma := \overline{\sigma_{\mathbb{R}}}: \qquad T B_\sigma = B_\sigma, \quad \sigma(T|_{B_\sigma}) = \sigma(T) \cap \sigma.$$

4. Satz 6.10 $\Rightarrow \exists\, P_\sigma$, Projektionsabbildung:

$$P_\sigma|_{B_\sigma} = \mathrm{Id}\, B_\sigma, \quad P_\sigma|_{(B_\sigma)^\perp} = 0, \qquad B = B_\sigma \oplus (B_\sigma)^\perp.$$

5. Wir wählen $\mu_0 \notin \overline{\sigma_{\mathbb{R}}}$, $\mu_0 \in \rho(T)$ und definieren:
   $T_0 := (T - \mu_0 I)P_\sigma$, T_0 ist linear und kompakt.

6. $\lambda \in \overline{\sigma_{\mathbb{R}}}$, λ Eigenwert von T mit Vielfachheit m $\Leftrightarrow$
   $\Leftrightarrow$ $\lambda - \mu_0$ ist Eigenwert von T_0 mit Vielfachheit m.
7. Für $Tu := \lambda u + f(\lambda,u) + g(\lambda,u)$ definieren wir für $\lambda \neq \mu_0$, $\lambda \in \sigma$,

   $$T_\lambda := (\lambda - \mu_0)^{-1}[T_0 + P_\sigma(-f(\lambda,\cdot) - g(\lambda,\cdot))] + \\ + (\lambda I - T)^{-1}(I - P_\sigma)(-f(\lambda,\cdot) - g(\lambda,\cdot)),$$

   für $\lambda \in U(\overline{\sigma_{\mathbb{R}}})$ gilt:

   $$u = T_\lambda u \quad \Leftrightarrow$$

   $$\Leftrightarrow \quad Tu = \lambda u + f(\lambda,u) + g(\lambda,u).$$

Der Rest des Beweises verläuft analog dem Beweis von Satz 6.5.

q. e. d.

§ 7 Operatorgleichungen mit lipschitzstetigen Abbildungen

§ 7 Operatorgleichungen mit lipschitzstetigen Abbildungen

1. Übersicht

In diesem Paragraphen sollen Operatorgleichungen der Form

$$A_0 u = \lambda B_0 u + G(\lambda, u) \tag{7.1}$$

zugelassen sein, weil sie häufig auftreten bei Problemen der Physik, beispielsweise bei Problemen, die mit dem Verbiegen der „von Kármán-Platten ", die auf einem Fundament ruhen, in Zusammenhang stehen.

Neu ist hier, daß erfreulicherweise, mit etwas veränderten Voraussetzungen gegenüber denen von J. B. MCLEOD und R. E. L. TURNER [16], ein Aufbau auf der Theorie des § 3 gelungen ist. Die genaueren Voraussetzungen werden im nächsten Abschnitt zusammengefaßt. Jetzt sei nur erwähnt, daß die Operatoren A_0 bzw. B_0 linear und stetig sein müssen. Für vergleichbare Operatoren in § 6 gilt dagegen: A_0 linear und stetig, mit der Einschränkung $B_0 = I$.

Insbesondere finden Verzweigungsprobleme Beachtung, die durch die Bedingung, daß $G(\lambda, u)$ keine Frechét-Ableitung besitzt, eben auch für das physikalische Problem der „von Kármán-Platten" auf einer elastischen Unterlage gelten.

Wir werden zuerst einen Satz über inverse Funktionen angeben, der für den Beweis eines Korollars verwendet wird. Ein Verzweigungssatz kann dann dadurch gewonnen werden, daß die Operatorgleichung (7.1) in zwei gekoppelte aufgespaltet wird, von denen sich jede so umformen und dann „abschätzen" läßt, daß das Korollar angewendet werden kann.

2. Voraussetzungen und Definitionen

Für die Operatorgleichung

$$A_0 u = \lambda B_0 u + \lambda(\upsilon B_1 u + B_2 u) - \mu A_1 u - A_2 u \qquad (7.2)$$

fassen wir zusammen:

Voraussetzungen für (7.2): (7.3)

1) X, Y reelle Banachräume mit Norm $\|\cdot\|_X$, $\|\cdot\|_Y$;
2) A_0, B_0: $X \to Y$ lineare, stetige Operatoren;
3) A_1, B_1: $X \to Y$ lipschitzstetige Operatoren, $A_1(0) = B_1(0) = 0$;
4) A_2, B_2: $X \to Y$ lipschitzstetige Operatoren, $A_2(0) = B_2(0) = 0$;
5) $\exists$ reelle Funktion $\xi := \xi(r)$:
   $\xi \to 0$ für $r \to 0$, so daß
   $\|A_2(u) - A_2(\tilde{u})\|_Y \leq \xi \cdot \|u - \tilde{u}\|_X$ und
   $\|B_2(u) - B_2(\tilde{u})\|_Y \leq \xi \cdot \|u - \tilde{u}\|_X$ für $\|u\|_X \leq r$ und $\|\tilde{u}\|_X \leq r$;
6) $\upsilon, \mu \in \mathbb{R}$;
7) $G(\lambda,u) := \lambda(\upsilon B_1 u + B_2 u) - \mu A_1 u - A_2 u$, $G(\lambda,0) = 0 \ \forall \ \lambda \in \mathbb{R}$.

Der Dualraum von X wird im folgenden mit X^* bezeichnet, d. h. $X^* = \{A \mid A: X \to K, K \in \{\mathbb{R},\mathbb{C}\},$ A stetig und linear$\}$ mit der

Operatornorm $\|A\| = \inf\{C\geq 0 \mid \|Ax\| \leq C\|x\| \;\forall\, x \in X\}$ ist ebenfalls ein Banachraum.

Mit $<,>$ soll das Skalarprodukt $<,>: X^* \times X \rightarrow K$ bezeichnet werden, um Verwechselungen mit $(\cdot,\cdot) \in X \times X$ auszuschliessen.

Die Operatoren der linearen Eigenwertaufgabe $A_0 u = \lambda B_0 u$ sind nach (7.3) 1) für reelle Banachräume definiert. Für spätere Betrachtungen benötigen wir aber eine Komplexifizierung der Operatoren und Banachräume in der Form von Lemma 6.7 und dem Lemma nachfolgenden Erläuterungen. Wir wollen hier jedoch zur Vereinfachung die gleichen Bezeichnungen A_0, B_0, X, Y auch für die komplexe Erweiterung verwenden.

Wir werden in diesem Paragraphen einige Definitionen aus der Spektraltheorie für das Paar (A_0,B_0) benutzen, die in § 2 angegeben sind.

Wenn $A_0 u = \lambda B_0 u$, dann $\lambda \neq 0$ und $\lambda^{-1}u = A_0^{-1}B_0 u$, d. h. λ^{-1} ist ein Eigenwert von $A_0^{-1}B_0$ sowie von $B_0 A_0^{-1}$ für den Eigenvektor $A_0 u$. Wie bei DUNFORD und SCHWARTZ [8] definieren wir deshalb die zugehörigen Spektralprojektionen:

$$P_\lambda := 1/(2\pi i)\cdot \int_{\partial D} (z - A_0^{-1}B_0)^{-1} dz \tag{7.4}$$

$$P_\lambda' := 1/(2\pi i)\cdot \int_{\partial D} (z - B_0 A_0^{-1})^{-1} dz\,. \tag{7.5}$$

Hierbei ist ∂D der Rand einer Kreisscheibe D, ∂D besteht aus

endlich vielen rektifizierbaren Jordankurven, λ^{-1} ist der Mittelpunkt von D, $D\setminus\{\lambda^{-1}\} \subset \rho(A_0,B_0)$.
Wir können die Integranden auch in der Form $(zA_0 - B_0)^{-1}A_0$ bzw. $A_0(zA_0 - B_0)^{-1}$ schreiben. ⇒

$$\Rightarrow A_0 P_\lambda = P_\lambda' A_0. \tag{7.6}$$

Außerdem gilt $B_0 P_\lambda = B_0 A_0^{-1} A_0 P_\lambda = B_0 A_0^{-1} P_\lambda' A_0 =$
$= P_\lambda' B_0 A_0^{-1} A_0 = P_\lambda' B_0,$
also

$$B_0 P_\lambda = P_\lambda' B_0. \tag{7.7}$$

Diese beiden letzten Gleichungen werden in einem nachfolgenden Lemma verwendet.

3. Ein lokales Resultat

Mit den Voraussetzungen aus Abschnitt 2. sind wir gut vorbereitet für eine Reihe von Aussagen, zuerst

Satz 7.1:

Seien $F: U \to Y$ eine Abbildung, $U \subset X$ offen, $F = T + G$, $T: X \to Y$ ein topologischer Isomorphismus, G eine lipschitzstetige Abbildung mit Lipschitzkonstante K und $F(x_0) = y_0$.

⇒Wenn $K < \|T^{-1}\|^{-1}$, dann: $\exists\, U_0(x_0), V_0(x_0)$, Umgebungen von x_0 bzw. y_0 mit $U_0(x_0) \subset X$ bzw. $V_0(y_0) \subset Y$ und

$F: U_0(x_0) \rightarrow V_0(y_0)$ ist ein Homöomorphismus, F^{-1} ist lipschitzstetig auf $V_0(y_0)$.

Beweis:

Wir können T^{-1} auf F anwenden und dann Lemma 1.18 von J. T. SCHWARTZ [24] benutzen. q. e. d.

Korollar 7.2:

Vorausgesetzt:
a) X_1, X_2 Banachräume, $X := X_1 \times X_2$;
b) $S: U \rightarrow X_1$ Abbildung, $U \subset X$, offen;
c) $S: (x,z) \mapsto T_1 x + G_1(x,z)$;
d) $\|G_1(x_1,z_1) - G_1(x_2,z_2)\| \leq \alpha \|x_1 - x_2\|_{X_1} + \beta \|z_1 - z_2\|_{X_2}$;
e) $T_1: X_1 \rightarrow X_1$ topologischer Isomorphismus;
f) $S(x_0,z_0) \mapsto y_0$.

$\Rightarrow \exists\ \alpha_0 > 0: \forall\ \alpha: 0 < \alpha < \alpha_0\ \exists$ Umgebung von (x_0,z_0): $K_r(x_0) \times K_s(z_0) \subset X_1 \times X_2$.

$\exists\ p = p(z)$, lipschitzstetige Abbildung mit Definitionsbereich $K_s(z_0)$ und Bildbereich $K_r(x_0)$, so daß $p: K_s(z_0) \rightarrow K_r(x_0)$

$S(p(z),z) = y_0, \ \forall\ z \in K_s(z_0)$.

Das Urbild $S^{-1}\{y_0\} \subset K_r(x_0) \times K_s(z_0)$ ist der Graph von p.

Beweis:

Wir wollen Satz 7.1 anwenden.

1. Dazu definieren wir die Abbildung $F: X \supset U \to X$ mit den Voraussetzungen b), c) durch $F: (x,z) \mapsto (T_1 x + G_1(x,z),z) = (S(x,z),z)$.
2. $T: (x,z) \mapsto (T_1 x,z)$, $T: X \to X$ ist wegen Voraussetzung e) ein topologischer Isomorphismus.
3. Wir bezeichnen mit G die Abbildung $(x,z) \mapsto (G_1(x,z),0)$. Mit der Norm des Produktraumes und Voraussetzung d) folgt

$$\|G(x,z) - G(x_1,z_1)\|_X = \|(G_1(x,z),0) - (G_1(x_1,z_1),0)\|_X =$$

$$= \|(G_1(x,z) - G_1(x_1,z_1),0)\|_X = \max\{\|G_1(x,z) - G_1(x_1,z_1)\|_{X_1},0\} \leq$$

$$\leq \alpha\|x - x_1\|_{X_1} + \beta\|z - z_1\|_{X_2}.$$

Da $\|T^{-1}\|$ nicht beeinflußt wird, wenn wir die Norm in X_2 verändern, wählen wir in X_2 eine äquivalente Norm mit $\alpha_0 := 1/2\|T^{-1}\|^{-1}$ und $\alpha < \alpha_0$, so daß

$$\|G_1(x,z) - G_1(x_1,z_1)\|_{X_1} \leq \alpha\|x - x_1\|_{X_1} + \alpha\|z - z_1\|_{X_2} \quad \Rightarrow$$

$$\Rightarrow \|G(x,z) - G(x_1,z_1)\|_X \leq \alpha\|x - x_1\|_{X_1} + \alpha\|z - z_1\|_{X_2} \leq$$

$$\leq 2 \cdot \alpha_0 \cdot \max\{\|x - x_1\|_{X_1}, \|z - z_1\|_{X_2}\} = \|T^{-1}\|^{-1}\|(x - x_1,z - z_1)\|_X,$$

d. h. für $\alpha < \alpha_0$ ist G lipschitzstetig mit einer Lipschitzkonstante $K < \|T^{-1}\|^{-1}$.

4. Voraussetzung f) $\Rightarrow (y_0,z_0) = (S(x_0,z_0),z_0) = F(x_0,z_0)$. Damit haben wir sämtliche Voraussetzungen von Satz 7.1 erfüllt und können diesen anwenden:
5. $\exists\ U_0((x_0,z_0)) \subset X,\quad V_0((y_0,z_0)) \subset X$, so daß

   $F: U_0((x_0,z_0)) \rightarrow V_0((y_0,z_0))$ ein Homöomorphismus ist.

   $U_0((x_0,z_0)) := K_r(x_0) \times K_s(z_0)$ ist so gewählt, daß

   $K_s(z_0) = \{z \in X_2 \mid (y_0,z) \in V_0((y_0,z_0))\}$.
6. F^{-1} ist für $F = T + G$ in der Umgebung $V_0((y_0,z_0))$ definiert.

   Wir bezeichnen mit $p(y,z)$ die X_1-Komponente von F^{-1} und mit $q(y,z)$ die X_2-Komponente, also ist

   $F^{-1}(y,z) = (p(y,z),q(y,z))$.

   Aus 1. folgt sofort: $q(y,z) = z. \Rightarrow F^{-1}(y,z) = (p(y,z),z)$ und

   $p(z) := p(y_0, z)$ mit dem Definitionsbereich $K_s(z_0)$ ist lipschitzstetig in z, da F^{-1} lipschitzstetig auf $V_0((y_0,z_0))$. Da F^{-1} lokal homöomorph ist, gilt:

   $$S(p(z),z) = S(p(y_0,z),q(y_0,z)) = y_0.$$

   Nach Konstruktion ist nun $(S^{-1}\{y_0\}) \cap (K_r(x_0) \times K_s(z_0)) =$

   $= \{p(z),z\}$, also der Graph von p. q. e. d.

<u>Definition 7.3:</u>

Für $Y = X^*$ heißt ein Eigenwert λ (vorausgesetzt reell) von (A_0,B_0) <u>bestimmt isolierter Eigenwert</u> von (A_0,B_0), wenn: λ isolierter Eigenwert von (A_0,B_0) und

$\exists\ \alpha, \beta \in \mathbb{R}: \langle(\alpha A_0 + \beta B_0)v,v\rangle > 0$ für $v \in N_\lambda \setminus \{0\}$, wobei

N_λ der Nullraum von (A_0,B_0) ist.

<u>Lemma 7.4:</u>

a) Wenn λ bestimmt isolierter Eigenwert von (A_0,B_0) ist, so können wir (7.2) so umformen, daß A_0 topologischer Isomorphismus und B_0 positiv auf N_λ ist.

b) Wenn λ isolierter Eigenwert von (A_0,B_0) ist, speziell also, wenn $Y \neq X^*$, so können wir (7.2) so umformen, daß A_0 topologischer Isomorphismus und $B_0 v \neq 0$ für $v \in N_\lambda \setminus \{0\}$ ist.

<u>Beweis:</u>

b) λ isolierter Eigenwert. Mit $\lambda := \rho^* + \eta$, $\rho^* \in \mathbb{R}$, η klein, folgt: $A_0 - \rho^* B_0$ ist topologischer Isomorphismus für einige reelle ρ^* nahe λ. Wir schreiben $A_0 u = \lambda B_0 u$ also in der Form

$$(A_0 - \rho^* B_0)u = (\lambda - \rho^*)B_0 u.$$

a) λ bestimmt isolierter Eigenwert.
Mit $\tilde{\lambda} := (\lambda - \rho^*)/(\beta + \alpha\cdot\lambda) \quad \lambda = (\rho^* + \tilde{\lambda}\beta)/(1 - \tilde{\lambda}\cdot\alpha)$ folgt

$$A_0 u = \lambda B_0 u \Leftrightarrow (A_0 - \rho^* B_0)u = \tilde{\lambda}(\alpha A_0 + \beta B_0)u.$$

Durch geringe Änderung von α und β, ohne die Positivität von $\alpha A_0 + \beta B_0$ auf N_λ zu verändern, können wir erreichen, daß $1 - \tilde{\lambda}\cdot\alpha \neq 0$, $\beta + \alpha\cdot\lambda \neq 0$ und $\tilde{\lambda}$ keine konstante Funktion von λ ist.
q. e. d.

Definition 7.5:

$m := \dim \operatorname{Im}(P_\lambda)$ ist die Vielfachheit des isolierten Eigenwertes λ von (A_0,B_0).

Für die Abschätzung in dem nachfolgenden Lemma benötigen wir noch zwei hilfreiche Bezeichnungen:

Bezeichnung 7.6:

$r \in \mathbb{R}$ (oder ein Vektor y) heißt „ausreichend klein" $\Leftrightarrow \exists\, r_0 \in \mathbb{R}$, $r_0 > 0$: Wenn $|r| < r_0$ (oder $\|y\| < r_0$), dann gelten einige Eigenschaften, die dann jeweils nach dieser Bezeichnung angegeben werden. Diese positive Schranke hängt von der speziell betrachteten Variablen ab, und die Beschränkung der Größe führt zu den Werten $\bar{r}$, $\bar{y}$.

Bezeichnung 7.7:

O(t) wird verwendet für $t \geq 0$ für eine nichtnegative, reelle Funktion, für die $O(t) \leq c \cdot t$ gilt. Hierbei ist $c \in \mathbb{R}$. c ändert sich von Ausdruck zu Ausdruck, ohne neu bezeichnet zu werden, aber ist berechenbar und hängt nur von $|\lambda_0|$ oder den Operatornormen

$\|A_0\|$, $\|B_0\|$, $\|A_1(u)\|$, $\|B_1(u)\|$, $\|A_2(u)\|$, $\|B_2(u)\|$ für $u \in K_{\bar{r}}$, $\|P\|$, $\|P'\|$ oder von einer untere Grenze für $\langle B_0 v,v\rangle / \|v^2\|$ für $v \in N_{\lambda_0}$ oder von einer unteren Grenze für $\|(A_0 - \lambda B_0)w\| / \|w\|$ für $w \in \operatorname{Im}(I - P)$ ab.

Bemerkung 7.8:

Wir werden im folgenden Lemma das Problem der Verzweigung auf die Betrachtung eines eindimensionalen Problems mit Hilfe von Projektionsabbildungen reduzieren.
Lemma 7.9 besagt allgemein nur, wenn eine Lösung der entstehenden Verzweigungsgleichungen ((7.20), (7.21)) existiert, hat sie notwendigerweise eine gewisse Form. Hinweise zur Existenz der Lösungen wurden in Bemerkung 7.10 im Anschluß an Lemma 7.9 gegeben.

Lemma 7.9:

Seien 1) $A := A_0 + \mu A_1 + A_2$, $B := B_0 + \upsilon B_1 + B_2$ Operatoren des reellen Banachraumes X in den Dualraum X^*;

2) die Voraussetzungen 1) bis 6) von (7.3) für $Y := X^*$ erfüllt;

3) λ_0 ein bestimmt isolierter Eigenwert von (A_0,B_0) mit endlicher Vielfachheit m und

4) $P := P_{\lambda_0}$, $\mathrm{Im}(P) = N_{\lambda_0}$.

$\Rightarrow \exists$ positive Konstanten $\bar{\eta}$, $\bar{r}$, $\bar{s}$, $\bar{\mu}$ und $\bar{\nu}$ und Funktionen

$w := w(\nu,\eta)$, $w: ((\mathrm{Im}(P)) \cap K_{\bar{s}}) \times (-\bar{\eta},\bar{\eta}) \rightarrow \mathrm{Im}(I - P)$ ist lipschitzstetig;

$\eta := \eta(v)$, $\eta: ((\mathrm{Im}(P)) \cap (K_{\bar{s}}\backslash\{0\})) \rightarrow \mathbb{R}$, lipschitzstetig,

so daß für $0 \leq \mu \leq \bar{\mu}$ und $0 \leq \nu \leq \bar{\nu}$ gilt: $\forall$ (λ,u), Lösungen von

$$Au - \lambda Bu = 0 \tag{7.8}$$

mit $\eta = \lambda - \lambda_0 \in (-\bar{\eta},\bar{\eta})$ und $u \in K_{\bar{r}}\backslash\{0\}$ gilt:

$$(I - P)u = w(Pu,\eta) \tag{7.9}$$

$$\eta = \eta(Pu). \tag{7.10}$$

Beweis:

1. Mit $P' := P'_{\lambda_0}$ definieren wir auch $Q' := I - P'$ und $Q := I - P$.
2. Mit (λ,u) als Lösung von (7.8), wobei nun $\lambda := \lambda_0 + \eta$ gesetzt wird, erhalten wir für (7.8) mit Voraussetzung 1)

$$Au - \lambda Bu = 0 \quad \Leftrightarrow$$

$$\Leftrightarrow (A_0 - \lambda_0 B_0)u + \mu A_1 u + A_2 u - \upsilon\lambda_0 B_1 u - \lambda_0 B_2 u = \eta Bu. \tag{7.11}$$

3. Seien $v := Pu$ und $w := Qu$. $\Rightarrow v + w = u \Rightarrow$ (7.11) $\Leftrightarrow$

$$\Leftrightarrow (A_0 - \lambda_0 B_0)u + \mu A_1(v + w) + A_2(v + w) - \upsilon\lambda_0 B_1(v + w) -$$
$$- \lambda_0 B_2(v + w) = \eta B(v + w). \tag{7.12}$$

4. Wir projizieren nun (7.12) auf das Bild von P' und erhalten

$$P'(A_0 - \lambda_0 B_0)u + \mu P'A_1(v + w) + P'A_2(v + w) - \upsilon\lambda_0 P'B_1(v + w) -$$
$$- \lambda_0 P' B_2(v + w) = \eta P'B(v + w). \tag{7.13}$$

(7.6) $\Rightarrow P'A_0 u = A_0 Pu$ und (7.7) $\Rightarrow P'B_0 u = B_0 Pu \Rightarrow$

$\Rightarrow P'(A_0 - \lambda_0 B_0)u = (A_0 - \lambda_0 B_0)Pu = 0$ nach (7.14)

Voraussetzung 4) dieses Lemmas. Hiermit folgt (7.13) $\Leftrightarrow$

$$\Leftrightarrow \mu P'A_1(v + w) + P'A_2(v + w) - \upsilon\lambda_0 P'B_1(v + w) -$$
$$- \lambda_0 P' B_2(v + w) = \eta P'B(v + w). \tag{7.15}$$

5. Projizieren wir (7.12) auf das Bild von Q', so ergibt sich

$$Q'(A_0 - \lambda_0 B_0)(v + w) + \mu Q' A_1(v + w) + Q' A_2(v + w) -$$
$$- \upsilon\lambda_0 Q' B_1(v + w) - \lambda_0 Q' B_2(v + w) = \eta Q' B(v + w).$$

Nun ist aber $Q'(A_0 - \lambda_0 B_0)(v + w) = (A_0 - \lambda_0 B_0)(v + w) -$
$- P'(A_0 - \lambda_0 B_0)(v + w) = (A_0 - \lambda_0 B_0)w$, wobei wieder (7.14) verwendet wurde. Also ergibt diese Projektion

$$(A_0 - \lambda_0 B_0)w + \mu Q' A_1(v + w) + Q' A_2(v + w) -$$
$$- \upsilon\lambda_0 Q' B_1(v + w) - \lambda_0 Q' B_2(v + w) = \eta Q' B(v + w). \quad (7.16)$$

6. Für die weiteren Betrachtungen sind folgende Bezeichnungen hilfreich:

$$H_0(v + w, \mu, \upsilon) := \mu A_1(v + w) - \upsilon\lambda_0 B_1(v + w) + A_2(v + w) -$$
$$- \lambda_0 B_2(v + w) \text{ und} \quad (7.17)$$

$$H_1 := P' H_0, \quad (7.18)$$

$$H_2 := Q' H_0. \quad (7.19)$$

Aus (7.15) folgt somit

$$H_1(v + w, \mu, \upsilon) - \eta P' B(v + w) = 0 \quad (7.20)$$

und aus (7.16)

$$(A_0 - \lambda_0 B_0)w + H_2(v + w,\mu,\upsilon) - \eta Q'B(v + w) = 0. \qquad (7.21)$$

7. (7.20) und (7.21) bilden ein Paar von Gleichungen, die zusammen äquivalent zu (7.11) sind.

8. Da der Operator $A_0 - \lambda_0 B_0$ restringiert auf Im(Q) bijektiv auf Im(Q') abbildet und eine Inverse Z besitzt [2], wird (7.21) äquivalent zu

$$w + ZH_2(v + w,\mu,\upsilon) - \eta ZQ'B(v + w) = 0$$

und mit

$$G(w,v,\eta) := ZH_2(v + w,\mu,\upsilon) - \eta ZQ'B(v + w) \qquad (7.22)$$

und

$$S(w,v,\eta) := w + G(w,v,\eta) \qquad (7.23)$$

erhalten wir

$$S(w,v,\eta) = 0 \qquad (7.24)$$

als zu (7.21) äquivalente Gleichung.

9. S erfüllt die Bedingung c) von Korollar 7.2 mit $X_1 := \mathrm{Im}(Q)$, $X_2 := \mathrm{Im}(P) \times \mathbb{R}$, $w \in X_1$, $(v,\eta) \in X_2$, $T_1 w := w$. Korollar 7.2 soll in einer Umgebung der Lösung $w_0 = 0$,

$(v_0,\eta_0) = (0,0)$ von $S = 0$ angewendet werden.

10. Es bleibt zu zeigen, daß $G_1 := G$ lipschitzstetig ist:
Mit (7.22), (7.19) und (7.17) erhalten wir nach Zusammenfassen der Terme und Berücksichtigung der Voraussetzungen (7.3)

$$\|G(w_1,(v_1,\eta_1)) - G(w_2,(v_2,\eta_2))\|_X \leq \|ZQ'\| \, \|\mu A_1(v_1 + w_1) - \\ - \lambda_0 \upsilon B_1(v_1 + w_1) + A_2(v_1 + w_1) - \lambda_0 B_2(v_1 + w_1) - \eta_1 B(v_1 + w_1) - \\ - \mu A_1(v_2 + w_2) + \lambda_0 \upsilon B_1(v_2 + w_2) - A_2(v_2 + w_2) + \lambda_0 B_2(v_2 + w_2) + \\ + \eta_2 B(v_2 + w_2)\| \leq \alpha \|w_1 - w_2\|_{X_1} + \beta \|(v_1, \eta_1) - (v_2,\eta_2)\|_{X_2}.$$

11. Damit sind alle Voraussetzungen vom Korollar erfüllt. Die Lipschitzkonstanten α, β sind kleiner als vorgewählte α_0, β_0, vorausgesetzt, μ, υ, η, v und w sind „ausreichend klein".
Nach Korollar 7.2 existiert also eine lipschitzstetige Abbildung

$$w := w(v,\eta),\ w\colon (\mathrm{Im}(P) \times \mathbb{R}) \supset K_s \rightarrow K_t \subset \mathrm{Im}(Q).$$

Der Graph von w liefert die Nullstellen von S in $K_t \times K_s$.

12. Wir werden $\bar{r}$ so wählen, daß $\|u\| < \bar{r} \Rightarrow \|Pu\| < s$ und $\|Qu\| < t$. Im folgenden soll die Lipschitzstetigkeit von w näher untersucht werden:
Wir setzen $w_1 := w(v_1,\eta_1)$ und $w_2 := w(v_2,\eta_2)$.

<u>Behauptung:</u>

$$\|w_1 - w_2\| = 0(\mu + \upsilon + \xi + \dot{\eta})[\|v_1 - v_2\| + \|w_1 - w_2\|] + \\ + 0(\check{s} + t')\cdot|\eta_1 - \eta_2| \tag{7.25}$$

mit $\dot{\eta} := \max(|\eta_1|,|\eta_2|)$, $\check{s} := \max(\|v_1\|,\|v_2\|)$,
$t' := \max(\|w_1\|,\|w_2\|)$ und $\xi := \xi(\check{s} + t')$.

<u>Beweis:</u>

Wir verwenden $c \in \mathbb{R}$ als Konstante, die sich von Ausdruck zu Ausdruck ändern kann, ohne neu bezeichnet zu werden. Mit (7.24), (7.23), (7.22), (7.19), (7.17) und 3), 4), 5) von (7.3) ergibt sich

$$\|w(v_1,\eta_1) - w(v_2,\eta_2)\| = \|G(w(v_2,\eta_2),v_2,\eta_2) -$$

$$- G(w(v_1,\eta_1),v_1,\eta_1)\| =$$

$$= c\cdot\|Z\cdot Q'\|\cdot\|\mu\cdot A_1(v_2 + w_2) - \upsilon\lambda_0 B_1(v_2 + w_2) + A_2(v_2 + w_2) -$$

$$- \lambda_0 B_2(v_2 + w_2) - \eta_2(B_0 + \upsilon B_1 + B_2)(v_2 + w_2) - \mu A_1(v_1 + w_1) +$$

$$+ \upsilon\lambda_0 B_1(v_1 + w_1) - A_2(v_1 + w_1) + \lambda_0 B_2(v_1 + w_1) + \eta_1(B_0 + \upsilon B_1 +$$

$$+ B_2)(v_1 + w_1)\| = c\cdot\|Z\cdot Q'\|[\mu\cdot c\|v_2 + w_2 - v_1 - w_1\| +$$

$$+ \upsilon\cdot\lambda_0\cdot c\cdot\|v_2 + w_2 - v_1 - w_1\| + \xi\cdot c\cdot\|v_2 + w_2 - v_1 - w_1\| +$$

$$+ \|\eta_1\cdot B_0(v_1 + w_1) - \eta_2\cdot B_0(v_2 + w_2)\| + \|\eta_1\cdot\upsilon\cdot B_1(v_1 + w_1) -$$

$$- \eta_2\cdot\upsilon\cdot B_1(v_2 + w_2)\| + \|\eta_1\cdot B_2(v_1 + w_1) - \eta_2\cdot B_2(v_2 + w_2)\|] =$$

$$= 0(\mu + \upsilon + \xi)(\|v_1 - v_2\| + \|w_1 - w_2\|) +$$

$$+ \|B_0\|\cdot(c\cdot\max(\|v_1\|,\|v_2\|) + c\cdot\max(\|w_1\|,\|w_2\|))\cdot|\eta_1 - \eta_2| +$$

$$+ c\cdot\upsilon\cdot\max(|\eta_1|,|\eta_2|)\cdot\|v_1 + w_1 - v_2 - w_2\| + c\cdot\xi\cdot\max(|\eta_1|,|\eta_2|)\cdot$$

$$\cdot\|v_1 + w_1 - v_2 - w_2\| = 0(\mu + \upsilon + \xi + \dot{\eta})[\|v_1 - v_2\| +$$

$$+ \|w_1 - w_2\|] + 0(\check{s} + t')\,|\eta_1 - \eta_2|.$$

q. e. d.

Aus (7.25) folgt nach Zusammenfassung

$$\|w_1 - w_2\| = 0(\mu + \upsilon + \xi + \dot{\eta}) \cdot \|v_1 - v_2\| + 0(\check{s} + t') \cdot |\eta_1 - \eta_2|, \tag{7.26}$$

wenn μ, υ, $\check{s}$, t', $\dot{\eta}$ „ausreichend klein" sind, wobei wir annehmen, daß $0(\mu + \upsilon + \xi + \dot{\eta}) \leq 1$ ist, was sich aus (7.25) ergibt. Aus der Definition von S (7.23) und den Voraussetzungen (7.3) folgt $S(0,0,\eta) = 0. \Rightarrow w(0,\eta) = 0.$ Mit $\eta := \eta_1 = \eta_2$ ergibt sich aus (7.26)

$$\|w(v,\eta) - w(0,\eta)\| = \|w(v,\eta)\| = $$
$$= 0(\mu + \upsilon + \xi + |\eta|) \cdot \|v\| \leq \|v\|. \tag{7.27}$$

Aus (7.27) folgt $0(\check{s} + t') = 0(\check{s})$ und

$$\|u\| \leq 2 \cdot \|v\|; \tag{7.28}$$

denn $\|u\| \leq \|v\| + \|w(v,\eta)\|$. Damit vereinfacht sich (7.26) zu
$$\|w_1 - w_2\| = 0(\mu + \upsilon + \xi + \dot{\eta}) \cdot \|v_1 - v_2\| + 0(\check{s}) \cdot |\eta_1 - \eta_2|. \tag{7.29}$$

Setzt man noch $v := v_1 = v_2$, so folgt aus (7.29)

$$\|w(v,\eta_1) - w(v,\eta_2)\| = 0(\|v\|) \cdot |\eta_1 - \eta_2|.$$

13. Wir haben damit die Lösung der Gleichung (7.21) untersucht, so daß wir uns jetzt auf die zweite der zu (7.11) äquivalenten Gleichungen, nämlich (7.20), konzentrieren wollen.

14. Dazu definieren wir

$$H(v,\eta) := H_1(v + w(v,\eta),\mu,\upsilon) - \eta P'(\upsilon B_1 + B_2)(v + w(v,\eta)), \tag{7.30}$$

wobei $(\lambda_0 + \eta, v + w(v,\eta))$ Lösung von (7.8) ist, die (7.20) erfüllt. Mit (7.7) gilt nach Verwendung der Definitionen von w und Q $\eta \cdot P'B_0 w(v,\eta) = \eta \cdot B_0 Pw(v,\eta) = \eta \cdot B_0 P(I - P)u = 0$.
$\Rightarrow \eta P'B_0 (v + w(v,\eta)) = \eta B_0 v$, so daß aus (7.20) mit (7.30) folgt:

$$H(v,\eta) = \eta B_0 v. \tag{7.31}$$

15. Nach Voraussetzung 1) dieses Lemmas gilt $B_0: X \rightarrow X^*$, so daß wir auf beiden Seiten von Gleichung (7.31) das Skalarprodukt $<\cdot,\cdot>$ mit v bilden können:

$$<H(v,\eta),v> = \eta <B_0 v,v>. \tag{7.32}$$

λ_0 ist nach Voraussetzung 3) bestimmt isolierter Eigenwert von (A_0,B_0), deshalb folgt aus Lemma 7.4 für $v \in N_{\lambda 0} = \text{Im}(P)$, $\|v\| = 1$ $\quad <B_0 v,v> \geq c > 0$. Wir erhalten somit aus (7.32)

$$G_1(\eta, v) := \frac{<H(v,\eta),v>}{<B_0 v,v>} = \eta. \tag{7.33}$$

Mit $\qquad S_1(\eta,v) := \eta - G_1(\eta,v) \qquad (7.34)$

ergibt sich $$S_1(\eta,v) = 0. \tag{7.35}$$

16. S_1 erfüllt die Bedingung c) von Korollar 7.2 mit $T_1\eta := \eta$, $X_1 := \mathbb{R}$ und $X_2 := \mathrm{Im}(P)$. Wir wollen dieses Korollar in einer Umgebung von (η_0,v_0) anwenden. Aufgrund der Voraussetzungen von (7.3) wird sofort klar, daß G_1 stetig ist in einer Umgebung $U((\eta_0,v_0))$, die $(\eta,0)$ nicht enthält.

17. Wir müssen also noch die Lipschitzstetigkeit von G_1 zeigen und dafür zuerst H abschätzen:

Behauptung:

$$\|H(v_1,\eta_1) - H(v_2,\eta_2)\| = [\,0(\mu + \upsilon + \xi) + \\ + \dot{\eta}\cdot 0(\upsilon + \xi)](\|v_1 - v_2\| + 0(\check{s})\cdot|\eta_1 - \eta_2|). \tag{7.36}$$

Beweis:

Mit (7.30), (7.18), (7.17) ergibt sich nach Zusammenfassen der Terme und Verwendung von (7.29) und erneuter Zusammenfassung

$$\|H(v_1,\eta_1) - H(v_2,\eta_2)\| = c\cdot\|P'\|\cdot\|\mu\cdot(A_1(v_1 + w_1) - A_1(v_2 + \\ + w_2)) + \upsilon\cdot\lambda_0\cdot(B_1(v_2 + w_2) - B_1(v_1 + w_1)) + A_2(v_1 + w_1) - \\ - A_2(v_2 + w_2) + \lambda_0\cdot(B_2(v_2 + w_2) - B_2(v_1 + w_1)) - \\ - \eta_1\cdot\upsilon\cdot B_1(v_1 + w_1) - \eta_1\cdot B_2(v_1 + w_1) + \eta_2\cdot\upsilon\cdot B_1(v_2 + \\ + w_2) + \eta_2\cdot B_2(v_2 + w_2)\| = 0(\mu + \upsilon + \xi)\cdot[\|v_1 - v_2\| + \\ + \|w_1 - w_2\|] + 0(\upsilon + \xi)\cdot\dot{\eta}\cdot(\|v_1 - v_2\| + \|w_1 - w_2\|) = \\ = [0(\mu + \upsilon + \xi) + \dot{\eta}\cdot 0(\upsilon + \xi)]\cdot[(1 + 0(\mu + \upsilon + \xi + \dot{\eta}))\cdot$$

$\cdot \|v_1 - v_2\| + 0(\check{s}) \cdot |\eta_1 - \eta_2|] = [0(\mu + \upsilon + \xi) + \dot{\eta} \cdot 0(\upsilon + \xi)] \cdot$
$\cdot (\|v_1 - v_2\| + 0(\check{s}) \cdot |\eta_1 - \eta_2|)$, wobei wir wieder annehmen können, daß $0(\mu + \upsilon + \xi + \dot{\eta}) \leq 1$, vorausgesetzt μ, υ, $\check{s}$, t' und $\dot{\eta}$ sind „ausreichend klein".

18. Für $v_2 = 0$, $v_1 := v$ und $\eta := \eta_1 = \eta_2$ ergibt sich aus (7.36) als Spezialfall unter Berücksichtigung von (7.31)

$$\|H(v,\eta)\| = (0(\mu + \upsilon + \xi) + |\eta| \cdot 0(\upsilon + \xi)) \cdot \|v\|. \quad (7.37)$$

Mit (7.33) erhält man

$$|G_1(\eta_1,v_1) - G_1(\eta_2,v_2)| =$$

$$= \frac{|\langle H(v_1,\eta_1),v_1\rangle \langle B_0 v_2,v_2\rangle - \langle H(v_2,\eta_2), v_2\rangle \langle B_0 v_1,v_1\rangle|}{|\langle B_0 v_1,v_1\rangle| \, |\langle B_0 v_2,v_2\rangle|} =$$

$$= \frac{0(\check{s}^3) \cdot \| H(v_1,\eta_1) - H(v_2,\eta_2)\|}{c \cdot \|v_1\|^2 \cdot \|v_2\|^2},$$ wobei benutzt wurde:

$|\langle B_0 v,v\rangle| \geq c \cdot \|v\|^2$ für $v \in \mathrm{Im}(P)$; die Terme wurden so arrangiert, daß i für $\|v_i\| = \check{s}$, gewählt werden konnte. Mit (7.36) geht der letzte Ausdruck jetzt über in

$$[0(\mu + \upsilon + \xi) + \dot{\eta} \cdot 0(\upsilon + \xi)] \cdot \frac{0(\check{s}^4) \cdot |\eta_1 - \eta_2| + 0(\check{s}^3) \cdot \|v_1 - v_2\|}{c \cdot \|v_1\|^2 \cdot \|v_2\|^2} =$$

$$= [0(\mu + \upsilon + \xi) + \dot{\eta} \cdot 0(\upsilon + \xi)] \cdot (|\eta_1 - \eta_2| +$$

$$+ \frac{0(\check{s}^3)}{\|v_1\|^2 \cdot \|v_2\|^2} \cdot \|v_1 - v_2\|). \quad (7.38)$$

Außerdem erhält man mit (7.33) und (7.37) und der Cauchy-Schwarzen Ungleichung $|G_1(\eta,v)| = 0(\mu + \upsilon + \xi) + + |\eta| \cdot 0(\upsilon + \xi)$ für $(v,\eta) \in K_s$ und μ, υ, ξ und $|\eta|$ „ausreichend klein"; nach Wahl unter 11..

19. Wir nehmen jetzt an, daß $|\eta| < \overline{\eta}$ mit $0 < \overline{\eta} < s$. Durch Begrenzung der Größe von $\|v\|$ und damit auch von $v + w$ (7.28) können wir G_1 so klein wie erforderlich bekommen; denn $\xi = \xi(\check{s} + \acute{t}) = \xi(\max(\|v_1\|, \|v_2\|) + \max((\|w_1\|, \|w_2\|))$.

Haben wir also solch ein $\overline{\eta}$ gewählt, dann gilt: $\exists\ \overline{\mu}, \overline{\upsilon}, \overline{s} > 0$,

$\overline{s} < s$, so daß $\forall\ \mu \leq \overline{\mu}$, $\upsilon \leq \overline{\upsilon}$ und $\forall\ v \in N := \{v \in Im(P) \mid$

$$0 < \|v\| < \overline{s}\} \qquad |G_1(\pm\overline{\eta}, v)| < \overline{\eta}. \quad (7.39)$$

Wegen der unter 16. erwähnten Stetigkeit von G_1 und der

Abschätzung (7.39) folgt aus dem Zwischenwertsatz, daß die Gleichung (7.34) $\forall\ v_0 \in N$, v_0 fest, für $\eta_0 := \eta_0(v_0)$ mit $|\eta_0| < \bar{\eta}$ gelöst werden kann.

Gleichung (7.38) drückt die Lipschitzstetigkeit von G_1 aus. Die Lipschitzkonstante für die Variable η kann in gleicher Weise, wie wir (7.39) hergeleitet haben, gewählt werden, so daß $\bar{\eta}$ nicht überschritten wird.

Wir können damit also Korollar 7.2 in einer Umgebung $N_0 \subset N$ von v_0 anwenden, wenn wir $\bar{\eta}$ nur „ausreichend klein" wählen, damit die erwähnten Einschränkungen möglich sind.

Man erhält eine lipschitzstetige Abbildung $\eta = \eta(v)$ mit dem Definitionsbereich N_0. Die Menge der Nullstellen von $S_1(\eta,v)$ in $(-\bar{\eta},\bar{\eta}) \times N_0$ ist der Graph von $\eta(v)$, $v \in N_0$.

Da $S_1(\eta,v) = 0$ eindeutig in einer Umgebung aller $v_0 \in N$ gelöst werden kann, gibt es eine Abbildung $\eta = \eta(v)$ auf ganz N: $S_1^{-1}(0) \subset (-\bar{\eta},\bar{\eta}) \times N$ ist der Graph von η.

q. e. d.

<u>Bemerkung 7.10</u>:

Zur Existenzfrage der Lösungen von Gleichung (7.8) in Lemma

7.9 kann gesagt werden, daß Gleichung (7.21) lösbar ist für $w = w(v,\eta)$, so daß w eingesetzt in (7.20) zu einer Abbildung auf $(\mathrm{Im}(P) \cap \bar{K_s}) \times (-\bar{\eta},\bar{\eta})$ mit Werten in Im(P') führt. Eine Nullstelle dieser endlichdimensionalen Abbildung führt zu einer Lösung der Gleichung $Au = \lambda Bu$ über die Gleichungen (7.20), (7.21), aber im allgemeinen hat diese Abbildung keine Nullstellen mit $v \neq 0$.

Von Gleichung (7.20) der Dimension $m = \dim(\mathrm{Im}(P'))$ erhalten wir eine Skalargleichung, aus der wir $\eta = \eta(v)$ ermitteln. η muß jedoch nicht stets die ganze Gleichung (7.20) lösen. Allerdings für $m = 1$ löst $\eta = \eta(v)$ (7.20), und Lemma 7.9 gibt die Existenz und die Art der Verzweigung an.

Satz 7.11: Witts Verzweigung

Seien 1) die Voraussetzungen (7.3) erfüllt;

2) λ_0 isolierter Eigenwert von (A_0,B_0) mit ungerader Vielfachheit, wobei $\mathrm{Im}(P_{\lambda_0}) = N_{\lambda_0}$ gilt; $P = P_{\lambda_0}$ und $P' = P'_{\lambda_0}$.

3) $\exists\, N: \mathbb{R} \times \mathrm{Im}(P) \to \mathcal{P}(\mathbb{R} \times \mathrm{Im}(P))$, eine vollstetige Abbildung, für die gilt: $\forall\, (\eta,v)$, $0 \in N(\eta,v)$: $N(\eta,v)$ ist positiv homogen bezüglich u, sternförmig um 0, abgeschlossen und beschräkt und

$\exists\, n: \mathbb{R} \times \mathrm{Im}(P) \to \mathcal{P}(\mathbb{R} \times \mathrm{Im}(P))$, $n(\eta,v) = o(\|v\|)$ gleichmäßig auf kompakten η-Mengen, so daß

$1/\lambda_0 B_0^{-1}P'[\lambda(B - B_0)(v + w(v,\eta)) -$

$- (A - A_0)(v + w(v,\eta))] \in N(\eta,v) + n(\eta,v)$. $\Rightarrow$

$\Rightarrow \exists$ Konstanten $\mu_0 > 0$, $\upsilon_0 > 0$, $r_0 > 0$ und $\eta_0 > 0$: $\forall\ \mu: 0 < \mu <$ $< \mu_0, \forall\ \upsilon: 0 < \upsilon < \upsilon_0$ gilt:

$\exists\ a, b \in \mathbb{R}$ und

ein Kontinuum $\check{C}$ der Lösungsmenge von $Au = \lambda Bu$, für das gilt:

i) $\check{C} \cap [a,b] \times \{0\} \neq \emptyset$

ii) $\check{C}$ enthält einen Punkt (λ,u) mit der Eigenschaft:

Entweder $|\lambda - \lambda_0| = \eta_0$ und $u \neq 0$

oder $|\lambda - \lambda_0| < \eta_0$ und $\|u\| = r_0$.

<u>Beweis:</u>

1. Im Gegensatz zu den Voraussetzungen von Lemma 7.9 betrachten wir jetzt Operatoren, deren Bildmenge aus Y ist. Deshalb kann λ_0 auch nicht ein bestimmt isolierter Eigenwert von (A_0,B_0) sein. Wegen der Voraussetzung 2) dieses Satzes, bleiben die Teile 1. bis 12. des Beweises von Lemma 7.9 aber unverändert gültig.

2. Für die Existenz und Abschätzung von η wurden im Beweis von Lemma 7.9 das Skalarprodukt $<\cdot,\cdot>$ und die Voraussetzung 3) von Lemma 7.9 benutzt. Wenn wir jetzt $<B_0 v,v>$ durch $<B_0 v,y^*(v)>$ ersetzen, wobei $y^*: N_{\lambda_0} \rightarrow Y^*$ so wählbar ist, daß das Skalarprodukt nicht verschwindet für $v \in N_{\lambda_0} \setminus \{0\}$, dann erhalten wir durch 13. bis 19. des Beweises von Lemma 7.9 $\eta(v)$ für beliebigen endlich dimensionalen Nullraum N_{λ_0}.

Zusammengefaßt heißt das, Lemma 7.9 ist auch mit den Voraussetzungen dieses Satzes gültig, so daß wir annehmen, μ, υ und $\|v\|$ sind so klein, daß die Ergebnisse von Lemma 7.9 bezüglich $w(v,\eta)$ möglich sind.

3. Für $\lambda = \lambda_0 + \eta$ und $u = v + w(v,\eta)$ liefert die Projektion von $Au - \lambda Bu$ auf das Bild von Q', wie im Beweis von Lemma 7.9 : $Q'(Au - \lambda Bu) = 0$, d. h. Gleichung (7.21) gilt.

   Für jedes Paar $(\eta,v) \in (-\overline{\eta},\overline{\eta}) \times ((Im(P)) \cap K_{\overline{s}})$, das auch noch

$$H_1(v + w(v,\eta),\mu,\upsilon) - \eta P'B(v + w(v,\eta)) = 0 \qquad (7.40)$$

   erfüllt, bedeutet dieses, daß $\lambda = \lambda_0 + \eta$ und $u = v + w(v,\eta)$ eine Lösung von $Au = \lambda Bu$ ist.

4. Wir wollen zeigen, daß für (7.40) Lösungen der gewünschten Form existieren:

   Nach den Voraussetzungen dieses Satzes folgt: B_0 besitzt eine Linksinverse $B_0^{-1}: Im(P') \to Im(P)$. Aus Gleichung (7.40), zusammen mit (7.7) folgt deshalb

$$B_0^{-1}H_1(v + w(v,\eta),\mu,\upsilon) - \eta B_0^{-1}P'(B - B_0)(v + w(v,\eta)) -$$
$$- \eta P(v + w(v,\eta)) = 0. \Rightarrow B_0^{-1}H_1(v + w(v,\eta),\mu,\upsilon) -$$
$$- \eta B_0^{-1}P'(B - B_0)(v + w(v,\eta)) - \eta v = 0.$$

Hieraus ergibt sich mit

$$\hat{H} := B_0^{-1}H_1(v + w(v,\eta)) - \eta B_0^{-1}P'(B - B_0)(v + w(v,\eta)) \quad (7.41)$$

$$\hat{H}(v,\eta) - \eta v = 0, \quad (7.42)$$

wobei die Parameter μ, υ vernachlässigt wurden.

5. Ersetzt man η durch $\lambda - \lambda_0$, so folgt aus (7.42)

$$v = \lambda \cdot 1/\lambda_0 \cdot v - 1/\lambda_0 \cdot \hat{H}(v, \lambda - \lambda_0). \quad (7.43)$$

Berücksichtigt man (7.30), (7.18), (7.17) und (7.3), so sieht man, daß $1/\lambda_0 \cdot \hat{H}$ stetig ist, sogar lipschitzstetig in v, für

$v \in Im(P) \cap K_{\bar{s}}$ und $|\lambda - \lambda_0| < \bar{\eta}$. Für die stetige Erweiterung [7] von $1/\lambda_0 \cdot \hat{H}$ auf $\mathbb{R} \times Im(P)$ benutzen wir dieselbe Bezeichnung.

Da $v \in Im(P)$ und Im(P) nach Voraussetzung 2) endlichdimensional ist, ist $1/\lambda_0 v$ ein kompakter, linearer Operator. Aus dem gleichen Grunde ist $\hat{H}$ unter Berücksichtigung von (7.41) und der Stetigkeit eine vollstetige Abbildung [31], d. h. die Abbildungen in (7.43) sind alle vollstetig; λ_0 mit ungerader Vielfachheit ist einziger charakteristischer Wert der Abbildung $v \mapsto 1/\lambda_0 v$.

6. Mit (7.41), (7.18), (7.17) und den Definitionen von A und B

erhält man

$$- 1/\lambda_0 \cdot \hat{H}(v,\eta) = 1/\lambda_0 \cdot B_0^{-1}P'[\lambda(B - B_0)(v + w(v,\eta)) -$$
$$- (A - A_0)(v + w(v,\eta))]. \qquad (7.44)$$

Wegen der Voraussetzung 3) dieses Satzes ist nun die rechte Seite von Gleichung (7.44) aus $N(\eta,v) + n(\eta,v)$.
Damit sind, wenn wir die rechte Seite von Gleichung (7.43) mit $F(\eta,v)$ bezeichnen, die Voraussetzungen (3.2) mit $L := 1/\lambda_0$, $N(\lambda,u) := N(\eta,v)$ und $n(\lambda,u) := n(\eta,v)$ erfüllt.

7. Die diskutierte Form der Lösungen ist höchstens für $(\eta,v) \in \in (-\bar{\eta},\bar{\eta}) \times (\mathrm{Im}(P) \cap K_{\bar{s}})$ gesichert. Wir wählen deshalb a und b so, daß $C \cap (-\bar{\eta},\bar{\eta}) \times \{0\} = [\lambda_0 - \eta_0, \lambda_0 + \eta_0]$ mit $[\lambda_0 - \eta_0, \lambda_0 + \eta_0] \subset [a,b]$, wobei sich die Menge C jetzt auf die Gleichung

$$v = \lambda \cdot 1/\lambda_0 \cdot v - 1/\lambda_0 \cdot \hat{H}(v,\lambda - \lambda_0) \in \lambda \cdot 1/\lambda_0 \cdot v + N(\eta,v) + n(\eta,v) \qquad (7.45)$$

bezieht.

Satz 3.12 ergibt das Verzweigungskontinuum $\mathcal{C}$ der Lösungen von (7.43).
Da die Abbildung $(\lambda,v) \mapsto (\lambda, v + w(v,\lambda - \lambda_0))$ wegen (7.29) stetig ist, wird $\mathcal{C}$ von dieser Abbildung auf das Lösungskontinu-

um $\check{C}$ der Lösungen von $Au = \lambda Bu$ abgebildet. $\check{C}$ enthält einen Punkt (λ,u): $\lambda - \lambda_0 = \eta_0$, $u \neq 0$ oder einen Punkt mit $\|u\| = r_0$ für ein wählbares r_0: $0 < r_0 < \bar{r}$.

q. e. d.

Bemerkung 7.12:

Für Satz 7.11 ist die Existenz der mengenwertigen Abbildungen $N(\eta,v)$ und $n(\eta,v)$ vorausgesetzt. In § 3 und § 5 sind Beispiele für das Finden solcher Abbildungen gegeben. Für den Fall, daß keine solche Abbildungen mit den geforderten Eigenschaften gefunden werden, bleiben die Aussagen des Satzes 7.11 gültig.

Dann jedoch muß anstelle des Verzweigungssatzes 3.12 ein Satz von TURNER [27] verwendet werden.

Bezeichnungen

Bezeichnungen

$\mathbb{Z}$	Menge der ganzen Zahlen
$\mathbb{N}$	Menge der natürlichen Zahlen
$\mathbb{C}$	Körper der komplexen Zahlen
$\mathbb{R}$	Körper der reellen Zahlen
$\mathbb{R}_+$	$\{x \in \mathbb{R} \mid x \geq 0\}$
$\mathcal{P}(X)$	Potenzmenge von X
$\{x \mid ...\}$	Menge aller x mit ...
$A \backslash B$	$\{x \in A \mid x \notin B\}$
$\Rightarrow, \Leftarrow$	logische Implikation
$\Leftrightarrow$	logische Äquivalenz
$\leftrightharpoons$	definierte Äquivalenz
$\in, \ni, \not\ni, \notin$	Element von; nicht Element von
$\subset, \supset$	Teilmenge von
$\cap$	Durchschnitt
$\cup, \bigcup$	mengentheoretische Vereinigung
$\emptyset$	leere Menge
$\forall\ x$	für alle x
$\exists\ x$	es gibt ein x
$\exists_1 x$	es gibt genau ein x
$\leq, \geq, <, >$	kleiner gleich; größer gleich; kleiner; größer
$=, \neq, \equiv, \not\equiv$	gleich, ungleich, identisch, nicht identisch

Σ	Summe
$<\cdot,\cdot>$	Skalarprodukt
(a,b)	offenes Intervall
$[x,y]$	abgeschlossenes Intervall
$\{x_n\}$	Folge
$x_n \to x$	Konvergenz (in der Norm)
$x_n \rightharpoonup x$	Schwache Konvergenz
$\lim y$	Limes
$X \times Y$	Produktraum
$X \oplus Y$	direkte Summe
$\times$	kartesisches Produkt
$d(x,y)$	Abstand x von y
(Y,d)	metrischer Raum
$\dim X$	Dimension von X
$\min M$	Minimum der Menge M
$\max M$	Maximum der Menge M
$\mathrm{dist}\,\{\ ,\ \}$	Euklidischer Abstand
$\inf, \sup$	Infimum, Supremum einer Menge
∂M	Rand von M
$\overline{M}$	Abschluß von M
$U(x)$	Umgebung von x
$\vert \cdot \vert$	Betrag
$\Vert \cdot \Vert_X$	Norm
$L(X,Y)$	Raum linearer, beschränkter Operatoren von X nach Y
X^*	Dualraum von X
$0(\Vert u \Vert)$	groß-0 von $\Vert u \Vert$

$o(\|\|u\|\|)$	klein-o von $\|\|u\|\|$
$\sigma(T)$	Spektrum eines stetigen, linearen Operators
$C^n(G)$	Räume n-fach stetig differenzierbarer Funktionen
$L_2[0,\pi]$	Lebesqueraum
$\chi(M)$	Kuratowskisches Nichtkompaktheitsmaß
$f: X \to Y$	Abbildung von X nach Y
$f^{-1}(y)$	Umkehrabbildung
Id_X	Identische Abbildung auf X
$x \mapsto y$	x wird vermöge f nach $f(x) = y$ abgebildet
$D(T)$	Definitionsbereich von T
$Im(T)$	Bildbereich von T
$Res_{\mathcal{H},\mathcal{H}'}\mathcal{F}$	Restriktion des Definitionsbereiches von $\mathcal{F}$ von $\mathcal{H}$ nach $\mathcal{H}'$
ker f	Kern von f
f. ü.	fast überall
$:=$	definiert
f'	Ableitung
$\int_{t_0}^{t} q(s) \cdot ds$	Integral von q(s) von t_0 bis t
$k \to \infty$	k strebt gegen ∞
$\epsilon \to 0$	ϵ geht gegen 0
OΞ	Ohne Einschränkung

Α α Alpha Β β Beta Γ γ Gamma Δ δ Delta Ε ϵ Epsilon Ζ ζ Zeta
Η η Eta Θ θ Theta Ι ι Jota Κ κ Kappa Λ λ Lambda Μ μ My
Ν ν Ny Ξ ξ Xi Ο ο Omikron Π π Pi Ρ ρ Rho Σ σ Sigma Τ τ Tau
Υ υ Ypsilon Φ φ Phi Χ χ Chi Ψ ψ Psi Ω ω Omega

Literaturverzeichnis

Literaturverzeichnis

1 BERESTYCKI, H.: On Some Nonlinear Sturm-Liouville Problems. J. Differential Equations 26 (1977), S. 375—390

2 BIRNBAUM, S.: Spectral Theory for a Pair of Closed Linear Transformations Acting Between Two Banach Spaces. Dissertation Uni of Colorado (Boulder) Report No. SR 0520 - 99, Martin Co. 1965, Theorem 12

3 BRAUER, F. - NOHEL, J. A.: „Ordinary Differential Equations". W. A. Benjamin, Inc., New York Amsterdam 1967

4 BRONSTEIN - SEMENDJAJEW: „Taschenbuch der Mathematik". BSB B. G. Teubner Verlagsgesellschaft Leipzig 1976, S. 158

5 CODDINGTON, E. A. - LEVINSON, N.: „Theory of Ordinary Differential Equations." McGraw Hill Book Company, New York 1955

6 CRANDALL, M. G. - RABINOWITZ, P. H.: Nonlinear Sturm-Liouville Eigenvalue Problems and Topological Degree. J. Math. Mech. 19 (1970)

7	DEIMLING, K.:	„Nichtlineare Gleichungen und Abbildungsgrade". Springer-Verlag, Berlin Heidelberg New York 1974
8	DUNFORD, N. - SCHWARTZ, J. T.:	„Linear Operators I". Interscience Publishers, Inc., New York 1967
9	EISENACK, G. - FENSKE, C.:	„Fixpunkttheorie". B. I. Zürich 1978
10	HETZER, G. - STALLBOHM, V.:	Global Behavior of Bifurcation Branches and Essential Spectrum. Math. Nachrichten 86, S. 347–360
11	HETZER, G.:	SOME REMARKS ON ϕ_+ - OPERATORS AND ON THE COINCIDENCE DEGREE FOR A FREDHOLM EQUATION WITH NONCOMPACT NONLINEAR PERTURBATIONS. Ann. Soc. Scient. Bruxelles 89, S. 495–500
12	HIRZEBRUCH, F. - SCHARLAU, W.:	„Einführung in die Funktionalanalysis". B. I. Zürich 1971
13	KATO, T.:	„Perturbation Theorie for Linear Operators". Springer-Verlag, Berlin 1966, S. 272

14 LEVITAN, B. M. - SARGSJAN, I. S.: „Introduction to Spectral Theory". Translation of Mathematical Monographs, Volume 39

15 MACBAIN, J.: Global Bifurcation Theorems for Non-Compact Operators. Bulletin Amer. Math. Soc. 80 (1974), S. 1005–1009

16 MCLEOD, J. B. - TURNER, R. E. L.: Bifurcation for Non-Differentiable Operators with an Application to Elasticity. Arch. Rational Mech. Anal. 63 (1976 / 77)

17 QUERENBURG, B. V.: „Mengentheoretische Topologie". Springer-Verlag, Berlin Heidelberg New York 1976

18 RABINOWITZ, P. H.: Some Global Results for Nonlinear Eigenvalue Problems. J. Functional Analysis 7 (1971), S. 487–513

19 RABINOWITZ, P. H.: Nonlinear Sturm-Liouville Problems for Second Order Ordinary Differential Equations. Comm. Pure Appl. Math. 23 (1970), S. 939–961

20 RABINOWITZ, P. H.: A Global Theorem for Nonlinear Eigenvalue Problems and Applications, in „Contributions to Nonlinear

Functional Analysis", E. H. Zarantonello (edit.)
Academic Press, New York 1971

21 RIESZ F. - NAGY, B. S.: „Vorlesungen über Funktionalanalysis". VEB Deutscher Verlag der Wissenschaften, Berlin 1968

22 SCHAEFER, H. H.: „Topological Vector Spaces". Springer-Verlag, Berlin Heidelberg New York 1971

23 SCHMITT, K. - SMITH, H. L.: „On Eigenvalue Problems for Nondifferentiable Mappings". J. Differential Equations 33 (1979), S. 294—319

24 SCHWARTZ, J. T: „Nonlinear Functional Analysis". Notes on Mathematics and its Applications, Gordon and Breach Science Publishers Inc., New York London Paris 1969

25 TAYLOR, A. E. - LAY, D. C.: „Introduction to Functional Analysis". John Wiley & Sons, New York 1980

26 TURNER, R. E. L.: „Nonlinear Eigenvalue Problems with Applications to Elliptic Equations".

Arch. Rational Mech. Anal. 42 (1971), S. 184–193

27 TURNER, R. E. L.: Tranversality in Nonlinear Eigenvalue Problems, in „Contributions to Nonlinear Functional Analysis", E. H. Zarantonello (edit.) Academic Press, New York 1971

28 TURNER, R. E. L.: „Nonlinear Eigenvalue Problems with Nonlocal Operators". Comm. Pure Applied Math. 23 (1970)

29 WEIDMANN, J.: „Lineare Operatoren in Hilberträumen". B. G. Teubner, Stuttgart 1976

30 WHYBURN, G. T.: „Topological Analysis". Princeton Univ. Press, Princeton, New York 1958

31 WLOKA, J.: „Funktionalanalysis und Anwendungen". Walter de Gruyter, Berlin New York 1971

Der Autor

Gerd-Dieter Witt

Unser Wissenschaftler hat überdurchschnittliche Universitätsabschlüsse zum Diplom in Mathematik und zum Ingenieur für Elektrotechnik (Übertragungstechnik), ist ausgebildeter Elektroniker sowie Radio- und Fernsehmechaniker, kombiniert also handwerkliches, praktisches sowie geistiges Geschick.

Daneben zeigte er reges Interesse für Schiller, Goethe, die Bücher von Alexandre Dumas und befaßte sich mit einigen der klassischen, griechischen Philosophen, zum Beispiel Euripides. Dabei bekam er Anregungen zu großen, philosophischen Fragen dieser kriegerischen Zeit.

Als Künstler, Dichter und Denker lernte er die deutsche Sprache durch sein Aufwachsen und Leben im Ländlichen und in der Großstadt. Seine tiefgehende, wissenschaftliche Befähigung wurde mit vielen Werken, Konvoluten und Konzepten bisher nur wenigen, ausgewählten Personen bekannt.

Manche Früchte seines reichen Schaffens und Lebens blieben ihm bisher versperrt, aber mit ihm haben wir einen vehementen Garanten für Menschenrechts- und Verfassungsgrundsätze, was heutzutage bei ständig neuen Verfassungsverstößen, besonders auch von Gesetzgebern, eine immer stärkere Bedeutung bekommt, einen von wenigen Universalkönnern dieser unruhigen Zeit! Hiervon zeugen seine sehenswerten Gedichtsbücher!

Zum Malen verwendet er meistens Techniken, wie etwa Aquarell, Spachtel, Druck, Öl, Wachs u. a. Langjährig war er als EDV-Systemprogrammierer, EDV-Berater und Seminarleiter auch im öffentlichen Dienst und selbständig tätig. Dieser große Erfahrungsschatz erscheint in vielen kleinen und großen Büchern und Werken spannend deutlich!

Er bekam Gelegenheit zu Grundausbildungen in Mechanik, Meßtechnik, technischem Zeichnen, Leistungssport und einigen Progammiersprachen.

Völlig zu Unrecht werden Mathematiker oftmals als engstirnige Menschen mit Schmalspurdenkweisen abqualifiziert und die Wissenschaft der Mathematik als abgehobene, steife Materie abgetan, auch von anderen Fachbereichen der Universität. Unser Autor beweist das Gegenteil durch seine enorme Vielseitigkeit und steht insbesondere weit über der Quacksalberei, die gelegentlich Menschen als „Versuchskaninchen" mißbraucht.

Intensiv erarbeitete er die Werke Freuds. Seine Geschichten, Gedichte und Bilder sind überwältigend sensationell, spannend und aussergewöhnlich.

Notizen

Bisher erschienen:

„Revolution I" ISBN 978-3-00-021381-6

„Revolution II" ISBN 978-3-00-022974-9

„Ökonomiekonzept" ISBN 978-3-00-029603-1

Verzweigungssätze
für
nichtdifferenzierbare Operatorgleichungen
(Bifurcation)
Gerd-Dieter Witt

ISBN 978-3-00-029604-8